ALEXANDRA-MARIA KLEIN
JULIA KROHMER

DAS WÄCHST IN DEINER STADT

KOSMOS

SCHNAPP DIR DIESES BUCH —UND GEH AUF #KRAUTSCHAU!

Damit du die Pflanzen, die du in deiner Stadt entdeckst, auch möglichst schnell im Buch wiederfindest, haben wir sie nach einem bestimmten System einsortiert: Alle Pflanzen sind nach ihrer Wuchsform zu Gruppen zusammengefasst. Los geht es mit der größten Gruppe, den ein- und mehrjährigen krautigen Pflanzen, dann folgen einige Gehölze, Gräser, Moose, Farne und Flechten. Die erste Gruppe ist in sich noch einmal nach den Blütenfarben weiß, gelb, rot, blau und grün bzw. braun unterteilt. Innerhalb der einzelnen Farbe findest du dann zuerst die Blüten mit höchstens vier Blütenblättern, dann die mit fünf, danach die mit mehr als fünf und zuletzt die mit zweiseitig-symmetrischen Blüten. Damit du ganz schnell weißt, in welcher Gruppe du dich gerade befindest, stehen entsprechende Symoble im Steckbrief jeweils am Seitenende. Ein Blick genügt und du siehst am Beispiel der Gewöhnlichen Nelkenwurz: gelb blühende Pflanze mit fünf Blütenblättern.

Diese Symbole haben wir als Orientierungshilfe verwendet

- höchstens vier Blütenblätter
- fünf Blütenblätter
- mehr als fünf Blütenblätter
- zweiseitig-symmetrische Blüten

Je nach Blütenfarbe sind diese Symbole dann entsprechend eingefärbt.

- Gehölze
- Gräser
- Moose
- Farne
- Flechten

INHALT

VORWORT
Seite **6**

Große Vielfalt im Kleinen Seite **6**
Koke vor der Tür Seite **7**

EINLEITUNG
Seite **8**

Aufmerksamkeit wecken Seite **8** – Vielfalt in der Stadt Seite **11**
Aktion #Krautschau Seite **14**

DAS WÄCHST IN DEINER STADT
Seite **20**

Weiße Blüten Seite **22** Gelbe Blüten Seite **49** – Rote Blüten Seite **84**
Blaue Blüten Seite **92** – Grüne oder braune Blüten Seite **102**
Gehölze Seite **112** – Gräser Seite **119** – Moose Seite **126**
Farne Seite **128** – Flechten Seite **130**

SERVICE
Seite **132**

Bestimmen mit „Was blüht denn da?“ Seite **132** – Register Seite **134**
Impressum Seite **137** – Botanische Fachbegriffe Seite **140**

GROSSE VIELFALT IM KLEINEN

Die biologische Vielfalt, das tägliche Geschäft der Senckenberg Gesellschaft für Naturforschung, ist ein fast unendlich weites Feld. Die meisten denken dabei an ferne tropische Regenwälder oder Korallenriffe, an afrikanische Savannen oder an üppige Mangroven.

Nur wenigen ist bewusst, wie vielfältig und wunderschön unsere Natur in Deutschland ist – und erst recht die Natur wirklich unmittelbar vor der Haustür, in den Pflasterritzen und Bordsteinfugen unserer Innenstädte.

Eine im Rahmen der Stadtbiotopkartierung bei Senckenberg durchgeführte Masterarbeit ergab 2014 für Frankfurt über 300 Arten, deutschlandweit sind es über 500. Diese meist übersehene oder gar als lästiges Unkraut betrachtete Klein- und Kleinstflora ist unbedingt einen zweiten Blick wert – bei dem man nur staunen kann über ihre ungeheure Zähigkeit und Anpassungsfähigkeit und oft zarte Schönheit. Sie bietet kleinsten Tieren Lebensraum und hat auch etliche positive Nebeneffekte für Infrastruktur, Klima und Menschen.

Diese Vielfalt wahrzunehmen, kennenzulernen und sich daran zu erfreuen ist ein wichtiges Element für mehr Aufmerksamkeit für unsere Mitwelt. Sie kann und soll ein erster Schritt sein auf dem Weg zu einer tiefergehenden Beschäftigung mit Flora und Fauna – etwas, das wir heute dringend brauchen, buchstäblich direkt vor der Haustür und damit zugänglich für jede und jeden. Die charmante Niederschwelligkeit der #Krautschau ist dabei ein wunderbares Format, um diese Vielfalt einer breiten Öffentlichkeit auf spielerische und kreative Weise nahezubringen.

Deshalb freue ich mich sehr über die Veröffentlichung dieses Buches, das mit seinen knapp hundert wichtigsten Arten, die einem auf Gehwegen und Plätzen begegnen, einen schönen Einstieg in dieses Thema eröffnet. Ich wünsche ihm eine große Reichweite.

Prof. Dr. Katrin Böhning-Gaese

Direktorin des Senckenberg Biodiversität und Klima Forschungszentrums, Frankfurt

KOKE VOR DER TÜR

Der Kokedera („Moostempel") in Kyoto ist weltweit berühmt. Koke steht dabei nicht für ein Moos im botanischen Sinn, sondern für kleine, zierliche Pflanzen – also solche, die man auch bei der #Krautschau finden kann.

Ich habe mich in meiner Forschung mit Moosen beschäftigt, darunter sind viele, die an Standorten wachsen, die typisch für eine Krautschau sind: Pflasterritzen, Mauern und andere urbane Habitate, die man gerne übersieht. Wer aber einmal in den faszinierenden Mikrokosmos solcher Pflanzen eingetaucht ist, der sieht sie überall. Genau diesen Effekt bewirkt hoffentlich auch die Krautschau: den Blick zu schärfen für das Unscheinbare, aber doch so Wichtige.

An der Universität Freiburg möchten wir rund um die zahlreichen, über das Stadtgebiet verteilten Gebäude Blühflächen anlegen – da gibt es dann sicherlich auch spannende Arten zu entdecken. Zudem sind dann die universitären Gebäude in ein Netzwerk des Bienenfluges eingebunden.

Ich freue mich sehr, dass das vorliegende Buch einen Beitrag dazu leistet, Artenkenntnis zu fördern und wünsche mir, dass es möglichst viele Personen dazu animiert, mit offenen Augen die Natur zu betrachten.

Prof. Dr. Stefan A. Rensing

Prorektor für Forschung und Innovation, Albert-Ludwigs-Universität Freiburg

AUFMERKSAMKEIT WECKEN

Ich sah ein „Unkraut“.
Man nannt’ mir seinen Namen –
nun fand ich es schön.
(Japanisches Haiku, nachgedichtet)

#KRAUTSCHAU GEGEN PFLANZENBLINDHEIT An das letzte Tier, das sie gesehen haben, erinnern sich die meisten Menschen. Aber wie ist das bei der letzten Pflanze? Vor dem Haus? Ein Baum halt. An der Straße? Eine Hecke. Und sonst? Viele Menschen nehmen Pflanzen, wenn überhaupt, nur als grünen Hintergrund oder als Straßenbegrünung wahr. Aber wer schaut schon genau? Wer weiß, was da wirklich wächst? Wer schaut sich Form der Blätter oder die Besonderheiten der Gehölze an? Das tun die wenigsten.

Die Botanikerin Elisabeth Schussler und der Botaniker James Wandersee aus den USA prägten dafür den Begriff „Plant Blindness“ (Pflanzenblindheit) – sie verstehen darunter „die Unfähigkeit, die Pflanzen in der eigenen Umgebung zu sehen“.

Ein BBC-Beitrag aus dem Jahr 2019 brachte auf den Punkt, warum dies gerade heute nicht nur bedauerlich, sondern sogar gefährlich ist: Es führt zur mangelnden Wertschätzung von Pflanzen – und zu einem begrenzten Interesse an ihrem Schutz und ihrer Bewahrung. Fatal gerade in Städten, wo wir Pflanzen dringend brauchen, um die Folgen des Klimawandels

Welche Pflanze in deiner Nähe ist dir zuletzt bewusst aufgefallen?

In Pflasterritzen entwickeln sich Mini-Ökosysteme.

abzumildern. Und zwar alle, die großen und die kleinen, nicht nur Bäume und Hecken in Parks, sondern auch die unzähligen kleinen Gräslein und Kräutchen in Ritzen, Fugen und Ecken.

WERTVOLLE ÖKOSYSTEME Wer genauer hinschaut, findet auch in unseren von Beton und Asphalt geprägten Städten, sogar in den Innenstädten, fast überall Pflanzen. Direkt unter unseren Füßen! Zunächst springt einem dort zwar oft der Müll ins Auge, die Scherben und die unzähligen Zigarettenstummel. Doch dazwischen entdeckt man überall winziges, zähes Grün – die Ritzenrebellen! Zwischen Pflastersteinen, in Rinnsteinfugen und in Mauerritzen haben diese Kämpfernaturen ihre Nische gefunden. Eine Vielzahl von Kräutern und Gräsern, Moosen, Farnen und Keimlingen von Bäumen und Sträuchern (in Deutschland über 500 Arten) hat sich an diese extremen Bedingungen angepasst.
Sie trotzen Tritt- und Fahrbelastung, Trockenheit, Hitze, Sonneneinstrahlung, Bodenverdichtung, Salzeintrag und sonstiger Verschmutzung und nicht zuletzt auch den Maschinen der Stadtreinigung, wertvolle kleine Mikro-Ökosysteme für zahlreiche Insekten und andere Organismen.

Grüne Fugen stablisieren das Pflastergefüge, nehmen Wasser auf und binden Staub.

RITZENREBELLEN – SCHÖN UND NÜTZLICH Für uns Menschen haben die Ritzenrebellen vielfältigen Nutzen: Ein dichter Bewuchs in den Fugen des Kopfsteinpflasters erhöht dessen Festigkeit; grüne Fugen nehmen Oberflächenwasser auf, erhöhen die Versickerung, tragen zur Kühlung bei und binden Staub. Zudem haben Wildpflanzen in der Stadt eine große Bedeutung für das städtische Ökosystem, indem sie anderen Organismen wie Wildbienen, Käferchen und Ameisen Schutz und Nahrung bieten. Außerdem sind sie, spätestens auf den zweiten Blick, auch schön. Nicht nur durch ihre Blüten, sondern auch durch die Formenvielfalt ihrer Blätter sind sie unbedingt einen zweiten Blick wert.

VIELFALT IN DER STADT

Wer an Stadt denkt, denkt zuerst an Asphalt und Beton. Aber falsch gedacht! Wer genau hinschaut kann eine unglaubliche Fülle an Pflanzen und auch Tieren entdecken.

Warum sind Städte so vielfältig? In der Wahrnehmung der meisten Menschen sind Stadt und Natur Gegensätze und Städte bestehen vor allem aus Asphalt und Beton, was quantitativ gesehen ja durchaus stimmt. Allerdings sind Städte auch Orte mit einer reichhaltigen biologischen Vielfalt. Das zeigen allein schon die über 500 wild wachsenden Pflanzenarten, die in Deutschland in Pflasterritzen vorkommen. Gründe hierfür sind zum einen, dass verschiedene Bebauungs- und Nutzungstypen zahlreiche Lebensräume für Pflanzen und Tiere bieten. Innenhöfe, Vorgärten, die sogenannten „Abstandsflächen" älterer Wohnsiedlungen, Grünstreifen, Hecken und begrünte Mauern, Baulücken, Gärten, Friedhöfe und Parks sind wichtige Voraussetzungen für eine urbane biologische Vielfalt. Selbst die Gebäude bieten vielen Arten (z. B. Fledermäusen und Vögeln) Unterschlupf. Städte sind heute artenreicher als viele Flächen außerhalb der Stadt, gerade im Vergleich zur modernen Agrarlandschaft, weil in der Stadt sehr viele unterschiedliche „Nischen" verfügbar sind, die unterschiedliche Arten nutzen können.

Begrünte Fassaden bieten Lebensräume für viele Tiere.

Pflanzen nutzen unsere Verkehrswege als Verbreitungswege.

Zum anderen sind Städte seit Jahrtausenden Handelsplätze und damit Dreh- und Angelpunkte der menschlichen Mobilität. Über die sich hier kreuzenden Verkehrswege kommen Samen und Pflanzenteile aus der ganzen Welt an, fassen hier zuerst Fuß und verbreiten sich dann weiter. Gartenpflanzen erobern von hier aus neue Standorte, exotische Tierarten werden von ihren Hobbyhaltern ausgesetzt und vor allem die wärmeliebenden Arten unter ihnen profitieren vom wärmeren Stadtklima. Deshalb gibt es in Städten der ganzen Welt einen hohen Anteil ursprünglich nicht heimischer Tier- und Pflanzenarten. Vielen der „Neophyten" genannten, nicht einheimischen Pflanzen begegnen wir deshalb auch bei der #Krautschau.

GEMÜSE UND GETREIDE IN DER STADT Sogar Tomaten-, Getreide- und Sonnenblumenkeimlinge finden wir an den Straßenecken. Wahrscheinlich wurde hier ein Döner mit Tomaten entsorgt oder es wurden Vögel gefüttert. Auch wertvolle Nahrungspflanzen versuchen also, in unseren Städten in den Pflasterritzen und Fugen Fuß zu fassen. Wie gut

Eine Hummel an einer Tomatenpflanze – Nutzpflanzen in der Stadt liefern Nahrung für Tiere und Menschen.

wäre es für uns, wenn diese Winzlinge groß werden dürften und uns in der Stadt mit frischem Gemüse versorgen würden! Allerdings brauchen sie Erde zum Wachsen, aber die städtischen Bodenlücken sind zu klein, zu trocken und durch ständiges Betreten und Befahren verdichtet. Jedoch könnten wir die Flächen um die Stadtbäume herum für unsere Ernährung nutzen. Mit dem Klimawandel gedeihen einige Nutzpflanzen unter Bäumen sogar besser als in der prallen Sonne. Urbanes Gärtnern auf kleinen öffentlichen Flächen als Netzwerke durch ganze Städte könnte mit Hochbeeten statt verdichteter Baumscheiben also auch Nutzpflanzenvielfalt in die Städte bringen. Gleichzeitig würden wir Stadtmenschen wieder lernen, wie gesunde Nahrungsmittel produziert werden.

Blühstreifen mit möglichst vielen standortgerechten, heimischen Arten sollten in Städten selbstverständlich sein.

AKTION #KRAUTSCHAU

Wer verwunderte Blicke der Passanten nicht scheut, ist herzlich eingeladen, einen Streifzug durch die städtische Mikrowildnis zu unternehmen und andere Menschen darauf aufmerksam zu machen.

EIN HERZ FÜR PFLANZEN Immer mehr Menschen schauen inzwischen genauer hin – auch dank der Aktion #Krautschau, einer im wahrsten Wortsinn Grassroot-Bewegung von Botaniker*innen und Pflanzenfans. Den Anfang machte in Frankreich der Toulouser Botaniker Boris Presseq, der ein neues Bewusstsein für die Präsenz von Wildpflanzen auf Gehwegen und überhaupt für die Natur in Städten schaffen wollte. Von dort kam die Idee über England, wo die Biologin Sophie Leguil ihr den Namen „More Than Weeds" gab, nach Deutschland. Hier hat sich neben #Krautschau (der pfiffige Begriff wurde von der pflanzenliebenden Germanistin @BonnerClara auf Twitter geschaffen) der Hashtag #mehralsunkraut etabliert.

Und so schafft die Stadtbotanik-Aktion #Krautschau nun seit einigen Jahren niederschwellig, charmant und kreativ mehr Bewusstsein für die Präsenz von Wildpflanzen im urbanen Raum, für die Schönheit dieser Vielfalt und für die Bedeutung von Natur in den Städten.

KREIDEZEICHEN SETZEN Dabei geht es darum, den pflanzlichen Kämpfernaturen mit etwas bunter

#Krautschau lenkt die Aufmekrsamkeit auf die Ritzenrebellen.

Kreide vor Ort Aufmerksamkeit zu verschaffen, indem man

- ihren Namen und vielleicht auch die eine oder andere Eigenschaft dazuschreibt,
- die Beschriftung fotografiert,
- das Foto in den sozialen Medien mit den entsprechenden Hashtags (#Krautschau, #mehralsunkraut) versehen teilt.

Bestimmungsbücher und Pflanzenbestimmungsapps (siehe S. 132) helfen allen, die sich nicht so genau mit Pflanzen auskennen, bei der Bestimmung dieser Kleinstflora. Bei deren Bestimmung geht man oft zwangsläufigin die Knie – bedingt durch ihren Wuchsort, aber auch vor Bewunderung für diese omnipräsenten Überlebenskünstlerinnen.

ALSO GEH EINFACH LOS oder schnappe dir Freunde, Bekannte, Kinder, Kolleginnen und Kollegen und die ganze Verwandtschaft. Je kreativer die Kreidebeschriftungen und je trockener der Sommer, desto länger wird jede Aktion nachwirken und den Blick der Vorbeieilenden vom Smartphone auf die Ritzenrebellen lenken.

Auf #Krautschau-Exkursion Kreidezeichen setzen.

PFLANZEN KENNEN LERNEN

Unser Buch soll dich dazu einladen, dich selbst einmal auf #Krautschau zu begeben – in der Straße vor deiner Haustür, auf dem Schulhof, in der Umgebung des Gebäudes, in dem du arbeitest, in der Innenstadt etc. Du wirst staunen, wie viele verschiedene Arten dir dabei begegnen – und manchmal kann man sie erst auf den zweiten Blick unterscheiden. Dabei wird dir unser Buch helfen. Wir haben knapp hundert Arten zusammengestellt, die deutschlandweit typisch sind für dieses städtische Ökosystem, und ihre Erkennungsmerkmale aufgelistet. Wir geben Wissenswertes zu Besonderheiten dieser Pflänzchen und greifen hierbei vor allem auf Informationen zurück, die wir auf Exkursionen erzählen und erzählt bekommen haben. Zudem haben wir in Büchern und verschiedenen Datenbanken weitere Aspekte recherchiert. Viele

Es gibt so viele verschiedene Arten zu entdecken.

Informationen gehen auf unsere Beobachtungen oder wissenschaftlichen Untersuchungen zurück. Zu vielen Pflanzen geben wir dir wissenswerte Zusatzinformationen mit, damit du dir die Arten und ihre Eigenschaften besser merken kannst.

WIR LIEBEN #KRAUTSCHAU

Warum finden wir #Krautschau so toll? Diese Aktion ist eine wunderbare Methode, um schon kleine Kinder oder auch künstlerisch aktive, bislang noch nicht an Botanik interessierte Menschen spielerisch und mit viel Spaß an das Thema Pflanzenvielfalt heranzuführen und so Bewusstsein für Natur zu schaffen. Durch das genaue Hinschauen entsteht ganz von selbst ein Blick für Details und ein Gefühl für die Schönheit dieser Pflanzen. Bestechend ist zudem die Einfachheit dieser Aktion: Menschen jeden Alters und Bildungsgrades können sie überall und ganzjährig ohne Aufwand und Vorbereitungen machen – es genügen ein Stück Kreide und ein Smartphone. Und je mehr Menschen mitmachen, desto mehr Akzeptanz findet Biodiversität. Auch die Stadtverwaltungen sind froh, wenn dieses Thema einmal positive öffentliche Aufmerksamkeit erregt – statt die üblichen Beschwerden auszulösen, dass irgendwelches „Unkraut" stört und entfernt werden soll. Die #Krautschau ist dabei ein weiteres Puzzlestück (ein kleines zwar, aber ein wichtiges!), um eine gesellschaftliche Transformation anzuschieben: eine regionale bis

Wir freuen uns jedes Mal, wenn wir in einer Stadt #Krautschau-Graffiti entdecken!

Wer in der Stadt überleben will, muss hart im Nehmen sein – wie dieser Streifenfarn, der Teil eines Graffitis wurde.

weltweite Transformation hin zu einem nachhaltigen Umgang mit der Natur und die Förderung eines für den Menschen erträglichen Klimas in unseren Städten.

SCHÖNHEIT DER ÜBERSEHENEN

Wer sich daran gewöhnt, genau hinzusehen, wird schnell merken: Die sich meist so bescheiden in Ritzen und Fugen duckenden Pflanzen sind die eigentliche „Patina" der Städte, das gewisse Etwas einer Mauer oder eines Innenhofpflasters. Moose und Flechten auf Beton und Pflastersteinen sind kleine Kunstwerke, die vom erfolgreichen Überlebenskampf vieler Arten gegen die Un-Natürlichkeit des Menschen zeugen. Die #Krautschau soll insbesondere das Bewusstsein für unscheinbare Arten stärken – und dazu gehören auch die niedrigen Pflanzen und ihre wichtigen Interaktionen mit anderen Arten in komplexen Nahrungsnetzen. Der Mensch ist ein nur kleiner Teil dieses Nahrungs- und Interaktionsnetzes des Lebens – aber mit einem übermäßig großen Einfluss auf dieses fragile Gebilde. Wir hoffen, dass die #Krautschau dazu beiträgt, den Blick für andere Teile dieses Netzwerks zu schärfen.

#KRAUTSCHAU-PIONIERE

Boris Presseq arbeitet als Botaniker am Naturkundemuseum von Toulouse. In diesem Kontext hat er eine Inventur der in Toulouse vorkommenden Wildpflanzen erstellt ist und begeistert von ihrer Vielfalt. Er gilt als einer der Erfinder der #Krautschau. Unter dem Slogan „Sauvages de ma rue" („Die Wilden in meiner Straße", siehe auch das gleichnamige französische Citizen-Science-Projekt des Pariser Naturkundemuseums) schreibt

In immer mehr Städten gibt es #Kraut-schau-Exkursionen. Höre dich um und mach mit!

er seit einigen Jahren die Namen von Wildpflanzen auf die Bürgersteige der Stadt. Sein Ziel ist es, den Stadtbewohnern bewusst zu machen, wie vielfältig und wichtig die Natur um sie herum ist. Seiner Meinung nach ermöglicht es die Benennung einer Pflanze, auch auf ihre Geschichte und Verwendung aufmerksam zu machen: „In dem Moment, in dem man etwas benennt, gibt man ihm eine Existenz." Und: „Innerhalb von Großstädten lassen wir wild lebenden Pflanzen und Tieren nur sehr wenig Raum", meint Boris Presseq und ergänzt: „Wenn man die Bäume wachsen ließe (...), hätten wir einen Stadtwald. Die Natur braucht nicht viel, um sich zu entwickeln." Inspiriert wurde Presseq durch die Kunstaktion „Belles de Bitume" (übersetzt „Asphaltschönheiten") der Geschichtenerzählerin Frédérique Soulard.

Die Biologin **Sophie Leguil** arbeitet derzeit in Großbritannien, Luxemburg und Frankreich freiberuflich als ökologische Beraterin, Wissenschaftsautorin und -übersetzerin, Rednerin, und Naturführerin. Ihr Projekt „More Than Weeds" zielt darauf ab, unsere Wahrnehmung städtischer Wildpflanzen, die auf Mauern, Gehwegen oder Baumscheiben wachsen, zu verändern.

Inspiriert von der Initiative „Sauvages de ma rue", 2001 in Frankreich vom französischen Naturkundemuseum und der botanischen Organisation Telabotanica initiiert, möchte sie die lokalen Behörden dazu ermutigen, die biologische Vielfalt in den Städten zu fördern, und die Stadtbevölkerung einladen, zu lernen, wie man mit den Pflanzen lebt, die auf Gehwegen, in Rinnsteinen, an Mauern oder auf Baumscheiben wachsen. Durch geführte Spaziergänge, soziale Medien und andere Kommunikationsmaßnahmen wie Ausstellungen und spezielle Bestimmungsbücher macht sie auf die Vielfalt und Schönheit der städtischen Flora aufmerksam.

In Deutschland wurde der erste bundesweite #Krautschau-Aktionstag 2021 von uns, **Alexandra-Maria Klein** von der Universität Freiburg und **Julia Krohmer** von der Frankfurter Senckenberg Gesellschaft für Naturforschung, koordiniert, acht Städte waren dabei. 2022 organisierte Julia den zweiten bundesweiten #Krautschau-Aktionstag am 22. Mai., dem Internationalen Tag der biologischen Vielfalt – nun waren es schon 21 Städte. Und die Aktion geht weiter! Auch die künftigen Aktionstage werden am oder um den 22. Mai herum stattfinden und du darfst dich gerne dafür bei uns melden.

Schreib uns auf Twitter (@naturealexk und @juliakrohmer) oder Mastodon (@naturalexk@freiburg.social und @JuliaKrohmer@mastodon.social), was du entdeckt hast, und teile deine Funde unter den Hashtags #Krautschau oder #mehralsunkraut in den sozialen Medien, damit auch viele andere sie sehen. Falls du Arten findest, die wir nicht aufgeführt haben, benutze ein gutes Bestimmungsbuch oder einfach die App Flora Incognita (siehe S. 132/133), damit wirst du mit hoher Wahrscheinlichkeit fündig.

Fotografiere deine #Krautschau-Funde und teile sie mit anderen in den sozialen Medien.

SCHUTTKRESSE
#KRAUTSCHAU

KOMM MIT AUF #KRAUTSCHAU

DIE PFLANZEN IN DEINER STADT

KNOBLAUCHSRAUKE

Aromatische Wegbegleiterin

Alliaria petiolata | Kreuzblütengewächs

DEKORATIV UND LECKER Diese hübsche, frischgrüne Pflanze wächst in weiten Teilen Europas, Vorderasiens und Zentralasiens bis nach China und Indien. Nach Nord- und Südamerika wurde sie als Gewürz- und Heilpflanze eingeführt und gilt dort inzwischen als invasive Pflanze. Sie wächst im Frühling an frischen, nährstoffreichen Standorten – eigentlich in lichten Laubwäldern, aber sehr häufig auch in Gehölzgruppen, in der Stadt, in den Parks und an Wegrändern. Oft findest du sie zusammen mit der Brennnessel, die auch eine Vorliebe für Stickstoff hat.

TYPISCH: Frischgrüne Pflanze mit aufrechtem, vierkantigem Stängel mit kleinen weißen Blüten in endständigen Trauben | **WUCHSFORM:** Staude | **HÖHE:** 20–100 cm | **BLATT:** nierenförmige, lang gestielte, gekerbte Grundblätter, wechselständige, herzförmige Stängelblätter, gebuchteter Rand | **BLÜTE:** ✿ Apr–Juni | **FRUCHT:** Schote

LIEBER FRISCH UND ROH – denn der charakteristische pfeffrig-knoblauchartige Geschmack verschwindet beim Garen oder Trocknen, anders als beim noch bekannteren Bärlauch. Die Knoblauchsrauke wird seit ca. 6000 Jahren als Gewürz verwendet. Das wissen wir durch Funde von Pflanzenresten an alten Tonscherben aus Norddeutschland und Dänemark. Die Knoblauchsrauke ist damit das älteste bekannte einheimische Gewürz. Im Mittelalter wurde sie oft im Garten angebaut, denn der echte, aus Asien importierte Pfeffer war für die meisten Menschen zu teuer. Junge Blätter schmecken in Smoothies, Quark oder direkt aufs Brot, noch grüne Schoten als pfeffrige Salatbeigabe, die reifen schwarzen Samen können wie Pfeffer verwendet oder zu einer Art Senf verarbeitet werden. Die scharf schmeckende Wurzel kann man wie Meerrettich reiben, die Blüten dekorieren den Salat – alles an dieser Pflanze ist lecker!

AUCH BEI INSEKTEN BELIEBT Mehrere, zum Teil auch seltene Schmetterlinge ernähren sich als Raupen von den Blättern der Knoblauchsrauke – manche findet man sogar nur auf dieser Pflanze. Viele Wildbienen, Käfer, Fliegen und Schwebfliegen bedienen sich gerne am Nektar, der sich am Grund der Blüte sammelt und sehr leicht zugänglich ist. Zu anderen Pflanzen

Die Knoblauchsrauke liefert Nahrung für viele verschiedene Insektenarten.

ist diese Art aber nicht so freundlich: Ihre Wurzeln geben chemische Substanzen ab, die das Wachstum von Mykorrhizapilzen hemmen. Viele Gehölzkeimlinge sind aber auf diese angewiesen, können ohne sie nicht oder nur schlecht wachsen – so verhindert die Knoblauchsrauke, dass ihr Gehölze zu nah kommen.

#KRAUTSCHAU

Die Samen werden vom Wind verbreitet. Durch Regen werden sie schleimig-klebrig, bleiben an einem vorbeikommenden Spaziergänger oder Tier hängen und werden so an einen neuen Standort transportiert.

#KRAUTSCHAU
Sie ist an magere Standorte angepasst und kommt in der Stadt bestens zurecht. Sie bestäubt sich meistens selbst, ihre Samen werden durch Erde, Wind oder ihre haftenden Klebfäden verbreitet.

ACKER-SCHMALWAND

Superstar der Pflanzenforschung

Arabidopsis thaliana | Kreuzblütengewächs

AUS DER FORSCHUNG NICHT WEGZUDENKEN. Diese unscheinbare Art ist die wohl weltweit besterforschte Pflanze. Sie war die erste, deren überschaubares Genom entschlüsselt wurde, und dient schon seit 1940 als Modellorganismus in der Genetik. Eigentlich wächst sie in den gemäßigten Zonen Eurasiens und Nordafrikas, ist aber heute in großen Teilen der Welt zu finden. Von ihren ursprünglichen Standorten, trockenen Waldlichtungen, folgte sie dem Menschen auf seine Felder, als er anfing, in Europa Ackerbau zu betreiben, und begleitet ihn seitdem.

TYPISCH: Aufrecht, meist verzweigt, nach oben abnehmend behaart | **WUCHSFORM:** ein- bis zweijährig | **HÖHE:** 5–30 cm | **BLATT:** Rosettenblätter länglich bis spatelförmig, gezähnt, mit stumpfem oberem Ende, Stängelblätter meist ganzrandig, sitzend, lanzettlich bis fast linealisch | **BLÜTE:** ✿ Apr–Mai | **FRUCHT:** Schote

#KRAUTSCHAU

Die Graukresse schützt sich durch ihre Behaarung vor Lichteinstrahlung und Verdunstung. Sie besitzt weiße Sternhaare, die du mit einer guten Lupe erkennen kannst.

GEWÖHNLICHE GRAUKRESSE

Giftig für Pferde

Berteroa incana | Kreuzblütengewächs

AUF DEM VORMARSCH. Die in ganz Eurasien vorkommende Art wächst in den Städten bisher als sogenannte Pionierart meist an Straßenrändern, Bahndämmen, Böschungen oder auf Baustellen – überall da, wo die Pflanzendecke immer mal wieder unterbrochen und es warm, hell und sonnig ist. Durch die trockenen letzten Jahre wandert sie aber inzwischen oft auch in andere Bestände ein, z. B. Wiesen. Dies ist v. a. für Pferdehalter problematisch, da diese dekorative Pflanze für Pferde giftig ist.

TYPISCH: Aufrechte, meist verzweigte, dicht graugrünfilzig behaarte Pflanze | **WUCHSFORM:** ein- bis zweijährig | **HÖHE:** 20–80 cm | **BLATT:** Rosettenblätter gestielt, verkehrt-lanzettlich, wellilg oder ganzrandig, Stängelblätter sitzend, ganzrandig, spitz oder abgestumpft | **BLÜTE:** ✿ Juni–Okt | **FRUCHT:** Schötchen

#KRAUTSCHAU

Erfolgsrezept: Eine Pflanze bildet bis zu 64.000 Samen, die bis zu 30 Jahre lang keimfähig bleiben. Außerdem schafft sie jährlich bis zu vier Generationen!

GEWÖHNLICHES HIRTENTÄSCHEL

Urbaner Taschenchic

Capsella bursa-pastoris | Kreuzblütengewächs

ÜBERALL UND IMMER findet sich diese bekannte Art, die fast das ganze Jahr blühen kann. Sie liebt helle und nährstoffreiche Standorte. Ihren Namen verdankt sie der Form ihrer Schötchen, die an die Taschen mittelalterlicher Hirten erinnern. Sie schmecken scharf und wurden früher wie Pfeffer verwendet. Der klebrige Schleim der Samen hilft bei der Ausbreitung – Menschen und Tiere tragen die an Sohlen, Pfoten oder Fell haftenden Samen in die Welt hinaus. Außerdem enthält dieser Schleim eiweißspaltende Enzyme, die Fadenwürmer im Bereich der keimenden Samen zersetzen. So werden an mageren Standorten zusätzliche Nährstoffe erschlossen.

TYPISCH: Blütenstände zuerst kopfig-doldig, strecken sich mit Entwicklung der Früchte zu langen, lockeren Trauben | **WUCHSFORM:** ein- bis zweijährig | **HÖHE:** 2–70 cm | **BLATT:** Grundblätter kurz gestielt, ungeteilt bis fiederspaltig, ungleichmäßig gesägt (erinnern etwas an Löwenzahn), Stängelblätter lanzettlich, sitzend | **BLÜTE:** ✿ Jan–Dez | **FRUCHT:** Schötchen

#KRAUTSCHAU

Durch einen besonderen Mechanismus kann dieses hübsche Kräutlein seine Samen bis zu 1,4 m weit wegschleudern. Es breitet sich in den letzten Jahrzehnten zügig aus.

BEHAARTES SCHAUMKRAUT

Stadtsalat

Cardamine hirsuta | Kreuzblütengewächs

AUF DEM VORMARSCH. Das natürliche Verbreitungsgebiet dieser früher recht seltenen, extrem anpassungsfähigen Art ist Europa und Asien, heute tritt sie aber fast weltweit auf und kommt mit dem Gemüsebeet ebenso gut zurecht wie mit Pflasterritzen, Baustellen oder Blumentöpfen. Sie wurzelt bis zu 35 cm tief und ist schon sehr früh im Jahr zu finden. Gut für uns, denn ihre zarten Blätter und Triebe sind essbar und sehr lecker – sie schmecken aromatisch scharf, ähnlich wie die verwandte Kresse. Sie können auch so verwendet werden.

TYPISCH: Bauschig wirkende Grundrosette mit mehreren sich verzweigenden Stängeln, oft rot überlaufen | **WUCHSFORM:** einjährig | **HÖHE:** 7–30 cm | **BLATT:** Grund- und Stängelblätter mit 1–7 Fiederpaaren und Endfieder, Fiedern der Grundblätter nierenförmig oder breit verkehrt-eiförmig, die der Stängelblätter länglich-eiförmig | **BLÜTE:** ✿ März–Juni | **FRUCHT:** Schoten

FRÜHLINGS-HUNGERBLÜMCHEN

Genügsamer Winzling

Draba verna | Kreuzblütengewächs

#KRAUTSCHAU

Das Hungerblümchen ist die kleinste Art, die du in der Stadt finden kannst, und vielleicht auch die schnellste: Sie blüht sehr zeitig im Frühjahr, fruchtet schon nach ein paar Tagen und ist oft schon im April wieder verschwunden.

VERDIENT MEHR AUFMERKSAMKEIT. Dieses zierliche Pflänzchen mag viel Licht und wächst auf sehr mageren, für viele Pflanzen schwierigen Standorten („Hungerböden", daher auch der Name). Hier keimen die Samen im Winter und die Pflanze überdauert diesen als kleine Blattrosette. Im Frühling bilden die Pflänzchen ihre kleinen, weißen Blüten. Die Blätter sterben ab, noch bevor die Samen reif sind – aber das Chlorophyll der Schötchen reicht aus, um die Samen bis zur Reife zu versorgen.

TYPISCH: Grundrosette mit unverzweigten, blattlosen, mit sternförmigen Haaren besetzten Stängeln, oft wachsen mehrere Pflanzen zusammen | **WUCHSFORM:** einjährig | **HÖHE:** 3–15 cm | **BLATT:** ganzrandig oder leicht gezähnt, verkehrt-eiförmig bis lanzettlich | **BLÜTE:** ✿ März–Mai | **FRUCHT:** Schötchen

QUENDEL-SANDKRAUT

Weiße Blütensternchen

Arenaria serpyllifolia | Nelkengewächs

#Krautschau

Wer bei „Nelkengewächs" an die Blüten im Blumengeschäft denkt, wird hier vielleicht enttäuscht. Aber schau genau: Bei Sonnenschein leuchten die winzigen, weißen Blüten wie weiße Sterne.

EINST BEHEIMATET in den gemäßigten Zonen Eurasiens und Nordafrikas, ist dieses Kräutlein heute in großen Teilen der Welt zu finden, die Verbreitung erfolgt durch den Menschen. In den Städten wächst es gerne an und auf Mauern, an Wegrändern oder in Pflasterritzen. Es wirkt zwar zart, aber verträgt sogar Tritt. Obwohl es auch „Wilder Thymian" genannt wird, hat es mit diesem nichts zu tun, was Du leicht am Geruch feststellen kannst, wenn Du die kleinen Blätter zerreibst. Die Blüten können sich selbst bestäuben oder werden durch kleine Wildbienen bestäubt.

TYPISCH: Zarte, graugrüne, kurz und rau behaarte, verzweigte Pflanze mit hübschen weißen Blüten | **WUCHSFORM:** ein- bis zweijährig | **HÖHE:** 3–30 cm | **BLATT:** gegenständig, oval-eiförmig zugespitzt, 2–6 mm lang | **BLÜTE:** ✿ Mai–Sep | **FRUCHT:** Kapselfrucht

NIEDERLIEGENDES MASTKRAUT

Die Optik täuscht

Sagina procumbens | Nelkengewächs

KEIN MOOS, SONDERN EINE NELKE Diese sehr kleine Pflanze gehört, kaum zu glauben, zu den Nelkengewächsen (*Caryophyllaceae*). Auch wir haben diese Pflanze zu Beginn unseres Studiums auf den ersten Blick für ein Moos gehalten. Sie ist aber eine immergrüne Polsterstaude mit winzigen, sternförmigen Blüten. Nicht nur karge Plattenfugen dekoriert dieses Pflänzchen wunderschön. Das Mastkraut gehört zweifelsfrei zu den urbanen Pflasterfugenschönheiten, die in ganz Deutschland anzutreffen sind. Nicht mal ein intensives Fußballspiel unserer Kinder vor der Garageneinfahrt stört diese kleine, trittunempfindliche Pflanze. Auch

TYPISCH: Kleine, polsterartige Rasen, die etwas an ein Moos erinnern | **WUCHSFORM:** Polsterstaude | **HÖHE:** 2–15 cm | **BLATT:** gegenständig, linealisch | **BLÜTE:** ✿ Mai–Sep | **FRUCHT:** rundliche Kapsel mit 4 Zähnen

#Krautschau

Meisterin der Verbreitung: Winzige Samen heften sich an unsere Schuhe und die Pfoten von Haus- und Wildtieren. Zusätzlich sorgen Ausläufer für die Verbreitung.

wenn wir strikt gegen das Salzstreuen im Winter sind, macht selbst dies dem salztoleranten Mastkraut nichts aus.

UNKRAUT, SAATGUT, SALATBEILAGE Raumgreifend breitet sich das Pflänzchen zwischen den Pflasterfugen aus und wird somit als Unkraut bezeichnet. Dabei stört es niemanden. Es ist so winzig, dass die meisten Menschen diese Pflanze überhaupt nicht wahrnehmen. Mit dem blütigen Sternchenschmuck hat es die sehr ähnliche, äußerst dekorative Schwesterart, das Pfriemenblättrige Mastkraut, schon erfolgreich in die Saatgutindustrie geschafft, es wird als robuster, immergüner Bodendecker vermarktet. Essbar sind beide Arten auch. Wer nicht lange auf Knien über die Pflasterfugen rutschen möchte, kann einfach nur wenig ernten und als Zusatz zu verschiedenen Salaten geben.

Die winzigen, sternförmigen Blüten sind nur bei Sonnenschein geöffnet.

#KRAUTSCHAU

Schau mal genau auf die Pflanzenstiele: Dort kannst du vielleicht auch Wurzeln erkennen. Diese Art der vegetativen Vermehrung kommt bei der Fetthenne häufig vor.

WEISSE FETTHENNE

Kleiner Überlebenskünstler und Pionier

Sedum album | Dickblattgewächs

PIONIER IN MAUERSPALTEN und auf steinigen Ödflächen. Die Blätter speichern Wasser und sind mit einer Wachsschicht überzogen, die die Verdunstung verringert – eine perfekte Anpassung an starke Sonneneinstrahlung. Dank flacher Wurzeln gedeiht die Pflanze auch hervorragend in Mauerspalten. Schmetterlingsraupen wie der Rote Apollo, Fetthennen-Bläuling und diverse Zipfelfalter haben wir an den Pflanzen häufig beobachtet. Die Goldbeinige Sandbiene sammelt den Pollen für ihren Nachwuchs.

TYPISCH: Fleischige Blätter, weiße Blüten mit rötlichen Staubbeuteln | **WUCHSFORM:** Staude | **HÖHE:** 2–20 cm | **BLATT:** wechselständig, fleischig, lineal bis walzenförmig, grün oder rötlich | **BLÜTE:** ✿ Traube mit 2–6 Blüten, Juni–Sep | **FRUCHT:** Balgfrucht

#KRAUTSCHAU
Die bodennahen Blätter überdauern milde Winter – ein Konkurrenzvorteil im Frühjahr. Die stark wachsenden Wurzelausläufer zwängen sich überall durch und lassen den Giersch auch in engen Fugen und Ritzen wachsen.

GIERSCH

Lästig, wohlschmeckend, vitaminreich

Aegopodium podagraria | Doldenblütengewächs

NERVT IM GARTEN Den Giersch kennt man als lästige Gartenpflanze, die man nicht so leicht wieder los wird. Dabei sollte man ihn lieber als wohlschmeckenden Vitaminlieferanten und Insektenpflanze sehen. Die jungen Blätter enthalten viele Vitamine und Mineralstoffe. Während europäischer Hungersnöte war Giersch ein Lebensretter, heute wird er als Wildgemüse gepriesen. Ein kurzer Blick vor unsere Gartenmauer und ich sehe viele verschiedene Insektenarten sich auf den Blüten tummeln – ein wertvoller Lebensraum.

TYPISCH: Stark wucherndes Wurzelrhizom und kantiger, kahler Stängel | **WUCHSFORM:** Staude | **HÖHE:** 50–90 cm | **BLATT:** wechselständig mit gezackten Blättchen, oft auf einer Seite fiederspaltig und auf der anderen ungeteilt | **BLÜTE** ❀ in Doppeldolden ohne Hüllblätter, Juni–Juli | **FRUCHT** Spaltfrucht

WILDE MÖHRE

Scheininsekt und Sternenhülle

Daucus carota | Doldenblütengewächs

BLÜTE MIT SCHEININSEKT dient dazu, andere Insekten anzulocken. Der schwarzpurpur gefärbte Punkt besteht aus 2 bis 16 anthocyanhaltigen Blüten – Anthocyane sind dunkle Pflanzenfarbstoffe – in der Mitte der aus vielen Einzelblüten zusammengesetzten Doldenblüte. Für potenzielle Bestäuber sieht das so aus: „Wenn schon ein Insekt da ist, wird es auf diesen großen, zusammengesetzten Blüten sicher Pollen und Nektar geben." Mit diesem Trick lockt die Wilde Möhre zahlreiche Insekten von Fliegen über Käfern bis zu Wespen und Wildbienen an. Das Scheininsekt prangt aber nicht auf jeder Dolde, also lass dich beim Bestimmen nicht irritieren. Hüllblätter, die wie ein Stern unter der Dolde sitzen, fehlen

TYPISCH: Dunkle Blüten meist in der Mitte der Dolde und sternenförmige Hüllblätter | **WUCHSFORM:** zweijährig, aufrecht wachsend | **HÖHE:** 20–120 cm | **BLATT:** wechselständig, zwei- bis dreifach fiederteilige Blätter | **BLÜTE:** ❀ in Doppeldolde, Mai–Juli | **FRUCHT:** stachelige Spaltfrucht aus zwei Teilen

allerdings nie. Wenn du immer noch unsicher bist, zerreibe ein Blatt zwischen den Fingern. Es riecht nach Pastinake oder Karotte.

VOGELNEST Sowohl vor als auch nach der Blüte sieht die Dolde der Wilden Möhre wie ein Vogelnest aus, weil sich die Hüllblätter bei Feuchtigkeit zusammenrollen. Auch daran kannst du den wilden Verwandten unserer Kulturmöhre erkennen. Bei Trockenheit spreizen sich die Hüllblätter dann wieder. Dieses Phänomen wird hygroskopische – also durch Fruchtigkeit gesteuerte – Beweglichkeit genannt.

ESSBAR Die weißen, bis zu 80 cm tiefen Wurzeln sind im zweiten Jahr ziemlich holzig und manchmal sehr scharf. Wir können den Verzehr nur im ersten Jahr nach der Keimung empfehlen. Die jungen Blätter und Stiele schmecken süßlich in Salaten.

Der Fruchtstand sieht ein wenig aus wie ein Vogelnest.

Charakteristisch: die dunkle Blüte in der Mitte der Dolde, die ein Insekt vorgaukelt.

#KRAUTSCHAU

Nicht nur der Wind verbreitet die Samen. Sie heften sich an Eichhörnchen und Ratten, Hunde und Katzen und werden von diesen von Ecke zu Ecke mitgeschleppt.

VOGEL-KNÖTERICH

Bewegt sich im Schlaf

Polygonum aviculare agg. | Knöterichgewächs

FALTET SICH ZUSAMMEN Der Vogel-Knöterich ist äußerst trittresistent und legt gegen nächtliche Störenfriede gegen Abend seine aufrecht stehenden Blätter aneinander. Man nennt dies Schlafbewegung. Die kleinen, unscheinbaren, weiß-rosa Blüten enthalten keinen Nektar. Wenn wir Tüten über die Blüten in unserer Garageneinfahrt stülpen und so Insekten daran hindern, die Blüten zu bestäuben, entwickeln sich trotzdem viele Samen. Dies spricht eindeutig für Selbstbestäubung, passend zu der

TYPISCH: Blattscheide hautartig, durchscheinend, oft silbrig glänzend, Blüten zu 1–3 | **WUCHSFORM:** einjährig liegend bis aufrecht | **HÖHE:** 5–50 cm | **BLATT:** wechselständig, ungeteilt, sitzend oder kurz gestielt | **BLÜTE:** ❀ Mai–Nov | **FRUCHT:** rote, ovale Nussfrucht, die viele hundert Jahre keimungsfähig bleibt.

unattraktiven, unauffälligen Blüte. Vogel-Knöterich schmiegt sich auf stark begangenen Gehwegen meist flach in kleinste Ecken und Ritzen, an günstigeren Standorten mit besserem Boden kann er sich aber auch zu stattlichen, bis zu 50 cm hohen Pflanzen entwickeln. Überall hält er große Trockenheit aus.

Der Vogel-Knöterich kriecht am Boden entlang.

WAS BEDEUTET AGG. Das „agg." in der Artbezeichnung verwendet man in der Wissenschaft, um zu zeigen, dass die Art ein sogenanntes Aggregat, also eine Zusammenfassung aus mehreren Unter- und Kleinarten ist, die aber schwierig zu unterscheiden sind.

SCHON IM MITTELALTER wurde bei Hildegard von Bingen der Vogel-Knöterich als Heilpflanze geführt. Er enthält Inhaltsstoffe wie Kieselsäure und Flavonoide, insbesondere Avicularin, aber auch ätherische Öle, Gerbstoffe und Harze. Auch heute wird die Pflanze noch innerlich bei Atemwegserkrankungen und Nasenbluten und äußerlich bei der Wundheilung angewendet.

NAHRHAFTE PFLANZE Als Vogel- und Schweinefutter fand der Vogel-Knöterich früher Verwendung auf den Höfen in ganz Mitteleuropa bis hinauf auf eine Höhe von 2200 Metern über dem Meeresspiegel.

#KRAUTSCHAU

Regenwasser, aber auch Spatzen verbreiten die Früchte entlang der Bürgersteige, quer durch die Pflasterfugen und längs von Wegen, daher ist der Vogelknöterich auch als Weggras bekannt, ohne ein Gras zu sein.

#KRAUTSCHAU
Diese Art ist sehr gut an verschiedenste Standorte angepasst und wächst in der Stadt gerne an Straßenrändern, Schuttplätzen, Bahndämmen, Hecken oder auch Gewässern. Längere Trockenheit verträgt sie nicht.

SCHWARZER NACHTSCHATTEN

Tomatenverwandte mit finsterem Namen

Solanum nigrum | Nachtschattengewächs

GIFTIGE, ERBSENGROSSE BEEREN führen dazu, dass vor dieser Pflanze allgemein gewarnt wird. Besonders die unreifen Früchte enthalten beträchtliche Mengen des Alkaloids Solanin. In anderen Teilen der Erde werden aber die reifen Beeren oder auch die Blätter gegessen, in vielen Kulturen wird die Pflanze auch als Heilpflanze verwendet. Sie ist eng mit Tomaten und Kartoffeln verwandt, das siehst du besonders gut an den hübschen Blüten. Die geografische Herkunft des Schwarzen Nachtschattens ist bisher nicht ganz klar, wird aber in Eurasien vermutet.

TYPISCH: Oft violett-schwärzlich überlaufener Stängel, grazile weiße Blüten in lockeren Trugdolden | **WUCHSFORM:** einjährig | **HÖHE:** 10–80 cm | **BLATT:** auffallend dunkelgrün, eiförmig bis lanzettlich, Blattrand ganzrandig bis geschwungen gezähnt | **BLÜTE:** ✿ Juni–Okt | **FRUCHT:** Beeren

#KRAUTSCHAU

Die Vogelmiere wird schon seit der Steinzeit durch den Menschen um die Welt verbreitet und ist ihm auch in die Städte gefolgt. Sie zeigt stickstoffreiche Standorte an.

GEWÖHNLICHE VOGELMIERE

Gesundes Unkraut

Stellaria media | Nelkengewächs

KEIMT SOGAR IM WINTER Ihre Samen reifen fast das ganze Jahr über und keimen sogar bei wenigen Grad über null. So schafft sie zwei bis drei Generationen pro Jahr und bedeckt geeignete Standorte schnell mit einem dichten Teppich. Dadurch schützt sie den Boden vor Erosion und Austrocknung. Sie wird gern von Vögeln gefressen und ist auch für uns gesund, schmeckt gut als Salat und enthält viel Vitamin C. Ihre Inhaltsstoffe wirken entzündungshemmend, verdauungsanregend, harntreibend und entgiftend. Die Gewöhnliche Vogelmiere heißt auch Stern-Vogelmiere oder Hühnerdarm.

TYPISCH: Niederliegende, verästelte, wurzelbildende Triebe, Stängel in einer Längslinie behaart | **WUCHSFORM:** einjährig | **HÖHE:** 3–40 cm | **BLATT:** breit-eiförmig bis spitz, gegenständig, leicht gestielt, oben ungestielt, bis 1 cm lang und 0,5 cm breit | **BLÜTE:** ✿ Jan–Dez | **FRUCHT:** Kapselfrucht

#KRAUTSCHAU
Vermehrt sich durch Wurzelausläufer oder schwimmfähigen Samen, die, z. B. von einem Fluss davongetragen, unbeschadet 33 (!) Monate im Wasser treiben können, bevor sie an einem weit entfernten Ort auskeimen.

ECHTE ZAUNWINDE

Zauberhafte Zierpflanze oder nerviges Unkraut?

Calystegia sepium | Windengewächs

LINKSWINDENDER WETTER-PROPHET Bei schlechtem Wetter bleiben die weißen Blüten geschlossen – daher der Name „Wetterprophet". Nachts sind sie geöffnet, da sie v. a. durch nachtaktive Insekten bestäubt werden. Eines davon ist der Windenschwärmer mit seinem 8 cm langen Rüssel. Am Morgen findet man oft verschiedene winzige Furchen- und Schmalbienen in den Blüten. Die Ranken vollführen beim Klettern kreisförmige Suchbewegungen gegen den Uhrzeigersinn, eine Umdrehung dauert knapp zwei Stunden. Zaunwinden werden mehrere Jahre alt. Das Harz ihrer Knollen wirkt abführend.

TYPISCH: Windende Pflanze mit reinweißen, trichterförmigen, bis zu 5 cm langen Blüten | **WUCHSFORM:** Kletterstaude | **HÖHE:** 100–300 cm | **BLATT:** herz- oder pfeilförmige Blätter, wechselständig, über 10 cm lang, auf langen Stielen | **BLÜTE:** Juni–Sep | **FRUCHT:** Kapselfrucht

#KRAUTSCHAU

Millimeterkleine, gelbe bis graue Samen werden durch den Wind verbreitet und fliegen von einer Straßenecke zur nächsten. Auch durch Ausläufer verbreitet sich die Gemeine Schafgarbe.

GEMEINE SCHAFGARBE

Insektengarbe statt Schafgarbe

Achillea millefolium | Korbblütengewächs

BELIEBT BEI SCHAFEN UND INSEKTEN Einige Schafrassen lieben die Blätter und Blüten. Die zähen Stängel bleiben allerdings auf den Wiesen stehen. Da es keine Schafe in der Stadt gibt, können sich die attraktiv weiß-rosa blühenden Pflanzen hier gut ausbreiten. Mit reichlich Pollen und Nektar ist die Schafgarbe bei blütenbesuchenden Insekten beliebt. Der Name der alten Heilpflanze geht auf Achilles, den Helden der Trojasage, zurück: Er soll Wunden mit einer Schafgarbentinktur behandelt haben. In der Pflanzenheilkunde wird Schafgarbe nicht zur Wundheilung, sondern hauptsächlich bei Magen-Darm-Beschwerden eingesetzt.

TYPISCH: Scheindolde | **WUCHSFORM:** Staude | **HÖHE:** 20–120 cm | **BLATT:** wechselständig mit am Rand fein gesägten, fiederspaltigen Blättern | **BLÜTE:** Juni–Okt | **FRUCHT:** Achäne, eine einsamige Schließfrucht

#KRAUTSCHAU
Die Früchte wirken behaart und die Pflanze wird deshalb auch Katzenschweif genannt. Die Früchte fliegen lange Strecken und heften sich gern an das Fell von Haus- und Wildtieren.

KANADISCHES BERUFKRAUT

Giftresistentes Superweed

Erigeron (*Conyza*) *canadensis* | Korbblütengewächs

RESISTENTER NEUBÜRGER Aus Kanada und den USA kommender, sich rasant ausbreitender Neubürger, den du an Gehwegritzen und Mauern mit Sicherheit finden wirst. Für Insekten ist das Kanadische Berufkraut eher uninteressant und Naturschützer ziehen es, wo immer sie es sehen, aus dem Boden, weil es wie das Feinstrahl-Berufkraut (S. 43) einheimische Pflanzen verdrängt. In den USA hat das Kanadische Berufkraut eine Glyphosat-Resistenz entwickelt und ist damit zum Superweed geworden.

TYPISCH: Sehr lange Rispe mit vielen 3–5 mm langen breiten, geschlossenen Körbchen | **WUCHSFORM:** einjährig | **HÖHE:** 20–100 cm | **BLATT:** wechselständig mit lanzettlichen Blättern | **BLÜTE:** ✿ geschlossene Körbchen (vgl. Feinstrahl-Berufkraut: offene Blüten) Juli–Okt | **FRUCHT:** Achäne mit gelblichem Haarkranz

#KRAUTSCHAU
Eine Pflanze produziert bis zu 50.000 Samen, die sich über den Wind verbreiten und in Straßen- und Wegritzen einige Jahre keimfähig bleiben. Diese Pflanze lässt sich nicht so schnell vertreiben!

FEINSTRAHL-BERUFKRAUT

Kein Gänseblümchen, sondern unbeliebter Neubürger

Erigeron annuus | Korbblütengewächs

ZIERPFLANZE WIRD INVASIVER NEUBÜRGER Im 17. Jahrhundert wurde das Feinstrahl-Berufkraut aus den USA nach Europa als Zierpflanze importiert und entwickelt sich seither zur sich invasiv ausbreitenden Art. Verschiedene Insekten besuchen den Feinstrahl gelegentlich, meist aber nur für ein Sonnenbad. Manche denken bei dieser Pflanze an ein Gänseblümchen, dabei wächst sie viel höher und hat mehrere Blütenkörbchen und nicht nur eines an einem Stängel mit Blattrosette wie beim Gänseblümchen.

TYPISCH: 1–2 cm breite Körbchen mit sehr schmalen Zungen der äußeren Blüten | **WUCHSFORM:** ein- bis mehrjährig | **HÖHE:** 50–100 cm | **BLATT:** wechselständig mit ungeteilten, lanzettlichen, kurz gestielten oder sitzenden Blättern | **BLÜTE:** ❀ weiß bis schwachlila Zungenblüten, Juni–Sep | **FRUCHT:** Achäne

AUSDAUERNDES GÄNSEBLÜMCHEN

Allseits bekannter Dauerblüher

Bellis perennis | Korbblütengewächs

BEKANNTESTE PFLANZE in Mitteleuropa ist das Gänseblümchen, gefolgt vom Löwenzahn. Es blüht in warmen Regionen das ganze Jahr und die Blüten bleiben bei bis zu –15 °C noch erhalten. Die Blüten sind nach kalten Nächten rosa. Das Gänseblümchen wächst überall und ist deshalb so bekannt.

VIELE BLÜTEN IN EINEM KORB
Der Laie denkt, dass das Gänseblümchen nur eine Blüte hat. Doch sie ist eine Scheinblüte. Sie wird Blütenkörbchen genannt und darin befinden sich viele Einzelblüten, was bei allen Korbblütengewächsen der Fall ist. Das Blütenkörbchen richtet sich zur Sonne aus und schließt sich bei Regen.

TYPISCH: Grundrosette mit blattlosem Stängel mit einem Blütenkörbchen | **WUCHSFORM:** Staude | **HÖHE:** 5–15 cm | **BLATT:** wintergrüne, einfache Blätter in Grundrosette | **BLÜTE:** ✿ Korbblüten einzeln, weiß oder rosa, Jan–Nov | **FRUCHT:** Achäne

Käfer, Bienen, Fliegen und Wanzen besuchen das Gänseblümchen. Meistens bevorzugen die Insekten andere Korbblütengewächse, wenn sie in der Nähe sind. Das Gänseblümchen kann sich selbst bestäuben, somit hat es kein Problem damit, wenn die Insekten an anderen Pflanzen nach Nektar und Pollen suchen.

Die Blattrosette liegt flach am Boden und ist ziemlich trittfest.

#KRAUTSCHAU

Die kleinen Samen mit Flugkörper werden durch Wind und Regen verbreitet, aber auch Regenwürmer, Schnecken und in der Stadt der Mensch sind als Samenverbreiter bekannt. Auch vegetativ kann sich das Gänseblümchen vermehren.

VIELFÄLTIG NUTZBAR ist das Gänseblümchen oder, wie manche Schweizer sagen, Margritli, also kleine Margerite. Es hat viel Vitamin C, Eisen und Magnesium, aber auch weniger bekömmliche Inhaltsstoffe. Darum sollte es immer nur als Zusatz z. B. in Salaten oder Suppen verwenden werden. Das Gänseblümchen schmeckt auch auf einem Butterbrot oder in etwas Olivenöl gedünstet und kann über Nudeln oder Salat gestreut werden. In verschiedensten Büchern gibt es Dutzende Gänseblümchen-Rezepte. Das Gänseblümchen ist auch in Kränzen und kleinen Blumensträußen äußerst beliebt. In der Naturheilkunde wird es ebenfalls vielfältig eingesetzt, z. B. in Salben, da es entzündungshemmend wirkt.

TRITTFEST Das Gänseblümchen ist trittfest und ist damit in den Städten nicht kleizubekommen. Es wird auch in Pflasterstein-Blühmischungen gerne genutzt.

TAUSENDSCHÖN ist die Gartenform des Gänseblümchens. Bei dieser Sorte wurde auf viele Zungenblüten gezüchtet, damit die Korbblüten groß und füllig wirken. So wie bei Rosen oder Tulpen hat man auch das Gänseblümchen nach dem „Geschmack" der Menschen gezüchtet. Insekten würden sich eine Zucht auf mehr Nektar und Pollen wünschen.

#KRAUTSCHAU

Die Früchte haben Widerhaken am Kelch und heften sich damit an Tiere oder die Hosenbeine von Passanten, wenn wir sie im Gemüsebeet entfernen. Das Kleinblütige Knopfkraut ist damit ein erfolgreicher Klettausbreiter.

KLEINBLÜTIGES KNOPFKRAUT

Neubürger aus den Anden

Galinsoga parviflora | Korbblütengewächs

MARSCHIERTE MIT FRANZÖSISCHER ARMEE unter Führung von Napoleon Anfang des 19. Jahrhunderts durch Europa. Deshalb wird die Pflanze oft Franzosenkraut genannt. Wahrscheinlich aber entkam sie einfach aus dem botanischen Garten in Paris und breitete sich zeitgleich mit Napoleons Feldzügen über Europa aus. Der Name „Knopfkraut“ ist geläufig für die Gattung *Galinsoga*: Die kleinen gelben Blütenköpfchen sahen angeblich den Knöpfen der französischen Uniformen ähnlich. Sie wurde zudem wegen ihrer schmackhaften Blätter angebaut.

TYPISCH: Dreizipfelige Zungenblüten mit großem Abstand am Blütenrand, dichte Röhrenblüten in der Mitte | **WUCHSFORM:** einjährig | **HÖHE:** 10–60 cm | **BLATT:** gegenständig, eiförmig und nur am Rand und an den Nerven der Blattunterseite behaart | **BLÜTE** ❀ Mai–Okt | **FRUCHT:** Achäne

#KRAUTSCHAU

Die Echte Kamille bildet schmale, bräunliche Samen ohne Flugorgan, die durch Tiere und den Menschen verbreitet werden. Windverbreitung spielt bei dieser Pflanze keine Rolle.

ECHTE KAMILLE

Gegen Bauchschmerzen und Erkältungen

Matricaria chamomilla | Korbblütengewächs

DUFTEND MIT HOHLEM BLÜTENBODEN, so kann die Echte Kamille von anderen Kamillen wie der „Falschen Kamille“ unterschieden werden. Sie ist eine attraktive Heilpflanze, z. B. bei Bauchschmerzen, und das Inhalieren mit einem Aufguss aus ihren Blüten löst Schleim und hilft bei erkältungsbedingten Kopfschmerzen. Ihr Gattungsname geht auf die frühere Verwendung bei Menstruationsbeschwerden zurück. Wusstest du, dass das aus ihr gewonnene Kamillenöl blau ist?

TYPISCH: Hohler, kegelförmiger Blütenboden, aromatisch duftend | **WUCHSFORM:** einjährig | **HÖHE:** 15–40 cm | **BLATT:** wechselständig, fiederspaltige Blätter mit aromatischem Duft | **BLÜTE:** ❀ gelbe Röhrenblüten, weiße Zungenblüten, oft zurückgeschlagen, Mai–Aug | **FRUCHT:** Achäne ohne Flugfedern

#KRAUTSCHAU

Erträgt Salz, Trittbelastung und hohe Stickstoffbelastung, aber keine Trockenheit; drückt seine kriechenden Ausläufer in die Pflasterfugen und schlängelt sich durch die Fugen entlang von Straßen und Wegen.

WEISSKLEE

Hummelpflanze

Trifolium repens | Schmetterlingsblütengewächs

LINDERUNG VON WECHSELJAHRESBESCHWERDEN wird dem Weißklee mit seinem Phytohormongehalt nachgesagt. Allerdings ist der Gehalt an Phytohormonen im Rotklee (*Trifolium pratense*) noch höher. Das Phytohormon ist ein Phytoöstrogen, welches sich an die Östrogenrezeptoren bindet. Über Nebenwirkungen der Phytohormone ist bisher nichts bekannt. Ansonsten ist der Weißklee, der auch Kriechender Klee genannt wird (*repens* = kriechend), bei vielen Hummeln beliebt. Vor allem langrüsselige Arten können den Nektar in der engen Blütenröhre gut erreichen.

TYPISCH: Kriechend mit Blättern, die meistens eine helle Zeichnung haben; kugelige Blütenköpfchen | **WUCHSFORM:** Staude | **HÖHE:** 15–45 cm | **BLATT:** wechselständig kahle, elliptisch bis verkehrt eiförmige, fein gezähnte Blättchen| **BLÜTE:** Mai–Sep | **FRUCHT:** Hülsenfrucht

#KRAUTSCHAU

Die Weg-Rauke gilt als „unkaputtbar“, verträgt Hitze und volle Sonne. Früher wurden die abgestorbenen Pflanzen als Besen genutzt – und so die noch in den Schoten haftenden Früchte überall verteilt.

WEG-RAUKE

Besen und Tresen

Sisymbrium officinale | Kreuzblütengewächs

ENDLOSES BLÜTENWACHSTUM

Die aus Europa, Asien und Nordafrika stammende Art ist inzwischen weltweit in den Städten verbreitet. Die Weg-Rauke ist sehr anspruchslos und kann an vielen Standorten wachsen, bevorzugt aber sonnige Ruderalflächen. Die Blüten sind wichtige Pollenlieferanten für sieben Sandbienenarten. Die Pflanze wächst oben immer weiter und bildet ständig neue Blüten. Die Blätter werden von Raupen von vier Schmetterlingsarten gefressen und auch uns schmeckt das junge Grün, z. B. in Wildsalaten. Aus den Samen gemahlenes Pulver ergibt ein aromatisches Gewürz mit senfartigem Geschmack. Bitte sparsam verwenden, da die Weg-Rauke auch herzwirksame Glykoside enthält.

TYPISCH: Aufrechter Wuchs mit sparrig abstehenden, bogenförmig aufwärts gerichteten Seitenästen | **WUCHSFORM:** einjährig | **HÖHE:** 30–60 cm | **BLATT:** fiederteilig, gelappt, großer Endabschnitt, beidseitig behaart | **BLÜTE:** ✿ klein, unscheinbar, Mai–Okt | **FRUCHT:** Schote

#KRAUTSCHAU

Bevor du dir die leckeren Blätter für den Salat oder die Pizza pflückst, solltest du genau hinschauen, wo die Pflanze wächst – und sie auf jeden Fall sehr gut waschen!

WILDE RAUKE

Rucola vom Straßenrand

Diplotaxis tenuifolia | Kreuzblütengewächs

ROBUST, WILD UND LECKER Diese nahe Verwandte der Salat-Rauke (*Eruca sativa*) ähnelt dieser durch den charakteristischen, scharfwürzig-nussigen Rucola-Geschmack – verantwortlich dafür sind die Senföle in beiden Arten. Anders als die Salat-Rauke mit weißlichen Blüten macht die Wilde Rauke durch leuchtendes Gelb auf sich aufmerksam – gerne auch an den Rändern großer Straßen, denn sie kommt mit Salz zurecht und liebt Licht und Wärme. Gute Voraussetzungen für ein Leben in der Stadt!

TYPISCH: Kräftiggrüne, bereifte, verzweigte, wuchsfreudige Pflanze, 2–6 cm lange Schoten | **WUCHSFORM:** Staude | **HÖHE:** 30–80 cm | **BLATT:** 2–15 cm lang, 1–6 cm breit, elliptisch bis verkehrt-eiförmig, gewellter Rand bis tief fiederteilig, mit 2–5 länglichen bis linearen Abschnitten | **BLÜTE:** Mai–Okt | **FRUCHT:** Schote

#Krautschau

Jeder Samen trägt ein Fettanhängsel, das gern von Ameisen gefressen wird. Die Ameisen lassen die Samen einfach fallen und verbreiten sie so. Weitere Verbreiter sind Schnecken, aber auch Schuhe, Fahrrad- oder Autoreifen.

SCHÖLLKRAUT

Warzenvernichter?

Chelidonium majus | Mohngewächs

ALS GIFTIGEN WARZENVERNICHTER haben wir diese Pflanze auf botanischen Stadt-Exkursionen während des Studiums kennengelernt. Der orange-gelbe Milchsaft fließt bei Verletzung der Pflanze sofort heraus. Er beinhaltet über ein Dutzend Alkaloide, darunter Chelidonin, nach dem Linné die Pflanze benannte. In Selbstversuchen (Milchsaft auftragen) waren die Warzen irgendwann weg, aber ob dies Selbstheilung oder wirklich der Milchsaft war, darüber können wir nur spekulieren.

TYPISCH: Orange-gelber Milchsaft | **WUCHSFORM:** Staude | **HÖHE:** 30–70 cm | **BLATT:** wechselständig, fiederspaltig oder einfach gefiedert, buchtig eingekerbt | **BLÜTE:** Apr–Okt | **FRUCHT:** zweiklappige, längliche Kapsel mit eiförmigen Samen mit fettreichen Anhängseln

#KRAUTSCHAU

Du findest die Nachtkerze an Bahndämmen, Böschungen, Straßenrändern und auf Brachen, wo sie abends vor allem von Nachtfaltern bestäubt wird. Die reifen Samen fallen bei Wind oder leichter Berührung aus den Kapseln.

GEWÖHNLICHE NACHTKERZE

Gelbe Königin der Nacht

Oenothera biennis | Nachtkerzengewächs

DIE DUFTENDEN BLÜTEN entfalten sich abends und blühen bis in den späten Morgen des nächsten Tages. Die Nachtkerze wurde ca. 1620 als Zierpflanze von Nordamerika nach Europa gebracht und wird heute als einheimisch wahrgenommen. Die Pflanze ist nicht nur schön, sondern auch lecker: Die rötliche Pfahlwurzel („Schinkenwurzel") kann wie Schwarzwurzel zubereitet werden, die Blätter schmecken als Salat oder wie Spinat gekocht, die Blüten sind essbare Deko, aus den Samen wird ein wertvolles Öl gewonnen.

TYPISCH: Im 1. Jahr Rosette, im 2. Jahr aufrechte Stängel mit vielen bis zu 8 cm großen Blüten | **WUCHSFORM:** zweijährig | **HÖHE:** 50–200 cm | **BLATT:** hellgrün, schmal verkehrt-lanzettlich bis elliptisch, Grundblätter bis 30 cm, Stängelblätter bis 22 cm lang, bis 5 cm breit | **BLÜTE:** Juni–Sep | **FRUCHT:** Kapselfrucht

#KRAUTSCHAU

Die Samen werden bei Regen aus der Frucht geschleudert und vom Wasser verbreitet. Die Pflanze ist hauptsächlich selbstbestäubend und vermehrt sich auch vegetativ, indem die Stängel Wurzeln schlagen.

SCHARFER MAUERPFEFFER

Wasserspeicherndes Dickblatt

Sedum acre | Dickblattgewächs

ÜBERDAUERT LANGE TROCKENZEITEN und wächst selbst im Herbarium weiter. Bei uns im Herbarium fing der Scharfe Mauerpfeffer nach ein paar Tagen Trocknung sogar plötzlich zu blühen an. Die Blätter speichern Wasser (sukkulent) und es dauert lange, bis der Wasservorrat aus den Blattzellen verdrängt wird. So kann der Mauerpfeffer in trockenen Pflasterritzen wachsen, blühen und sich verbreiten. Der Scharfe Mauerpfeffer ist ein beliebter Dachbegrüner.

TYPISCH: Fleischige Blätter und gelbe Blüten, schmeckt scharf | **WUCHSFORM:** Staude | **HÖHE:** 3–15 cm | **BLATT:** wechselständig mit fleischigen, halb eiförmigen Blättern | **BLÜTE:** Traube mit 1–7 Blüten. Juni–Aug | **FRUCHT:** Balgfrucht

ECHTES JOHANNISKRAUT

Hebt die Stimmung

Hypericum perforatum | Johanniskrautgewächs

NAME NACH BLÜHBEGINN Der 24. Juni ist der Johannistag, also der Geburtstag von Johannes dem Täufer – ein Tag, der nah an der Sommersonnenwende (zwischen dem 20. und 22. Juni) liegt. Um diese Zeit fangen die Johanniskräuter an zu blühen, wobei sich die Blühzeit inzwischen immer weiter nach vorne schiebt (ich habe diesen Text zufällig am 24. Juni geschrieben und in Freiburg blühten die Johanniskräuter schon seit einigen Wochen), doch der Name bleibt.
Das Echte Johanniskraut hat einen zweikantigen, markgefüllten Stängel und lässt sich daran von den anderen Johanniskrautarten gut unterscheiden.

ROTE FINGER VON GELBEN BLÜTEN Zerreibe die Blüten

TYPISCH: Blatt erscheint durchlöchert, zerriebene Blüten färben Finger rot, zweikantiger, markiger Stängel | **WUCHSFORM:** Staude | **HÖHE:** 30–60 cm | **BLATT:** gegenständige, einfache Blätter mit durchscheinenden Öldrüsen | **BLÜTE:** ✿ in Rispen, Juni–Aug | **FRUCHT:** Spaltkapsel

zwischen den Fingern und du wirst rote Fingerspitzen haben. Dies liegt an dem Inhaltsstoff Hypericin, nach dem die Gattung benannt wurde. Der Farbstoff wird auch „Blut des Johannes“ genannt.

KRAUT GEGEN DEPRESSIONEN
Die Wirkung gegen depressive Verstimmungen ist vielen bekannt, es gibt das Johanniskraut in vielen Drogerien und Apotheken als Tee zu kaufen. Vielleicht gar nicht so schlecht, dass es sich in den Städten ausbreitet.
So gibt es vermehrt Studien, die ein hohes Auftreten von psychischen Krankheiten in Städten zeigen und dies vor allem in den Stadtgebieten, die kein Grün aufweisen. Die Pflanze also bitte wachsen lassen, und setze dich ruhig für mehr heimisches Grün in Städten ein – es tut uns allen gut. Wir möchten aber darauf hinweisen, dass Tee aus dem Kraut nicht gegen starke Depressionen hilft, das zeigen viele Studien und zusammenfassende Meta-Studien.

Zerreibt man die Knospen und Blüten zwischen den Fingern, tritt ein roter Farbstoff aus.

„*Perforatum*“, also „durchlöchert“, heißt das Johanniskraut mit wissenschaftlichem Namen – hier sieht man warum: Die Blätter erscheinen perforiert.

VIEL POLLEN, KEIN NEKTAR Viele verschiedene Bienenarten werden von den attraktiven, orangefarbenen Pollenkörnern angezogen. Nektar bietet das Johanniskraut allerdings nicht. Um Energie für das Sammeln dieses Pollens zu tanken, müssen die Bienen und Fliegen zwischendurch andere blühende Arten besuchen.

#KRAUT-SCHAU

Verbreitungsstrategien: Die kleinen Samen werden vom Wind verbreitet, aber auch von Feuerwanzen verschleppt. Außerdem verbreitet sich das Johanniskraut durch Wurzelkriechsprosse auch vegetativ.

#KRAUTSCHAU

Nicht nur in den Städten ist die Scheinerdbeere häufig, auch in der Natur ist der wintergrüne, ausdauernde Bodendecker auf dem Vormarsch – manche befürchten, dass er die echte Walderdbeere verdrängt.

SCHEINERDBEER-FINGERKRAUT

Geschmacklose „Erdbeere“

Potentilla indica | Rosengewächs

HÜBSCHES „UNKRAUT“ Die Scheinerdbeere kommt aus Südostasien und wurde als Zierpflanze nach Europa gebracht. Hier verwilderte sie und gilt heute vielen als Unkraut. Dabei ist sie mit ihren gelben Blüten und an Walderdbeeren erinnernden roten Beerenfrüchten ein echter Hingucker. Die Beeren sind auch tatsächlich essbar, aber so gut wie geschmacklos. Die Pflanze mag es gern feucht, daher findet man sie in Städten oft an Rinnsteinen oder in Kopfsteinpflaster, dessen breite Fugen Wasser speichern.

TYPISCH: Leuchtend rote, erdbeerähnliche, aber immer aufrecht sitzende Früchte (Walderderdbeeren hängen) | **WUCHSFORM:** Staude | **HÖHE:** 10–30 cm, Ausläufer bis zu 50 cm | **BLATT:** Sehr ähnlich den Blättern der Walderdbeere, Rosette mit kriechenden Ausläufern | **BLÜTEN:** ✿ Mai–Sep | **FRUCHT:** Sammelnussfrucht

#KRAUTSCHAU
In der Stadt finden wir die zarten Ranken eher auf Baumscheiben, an Straßenrändern und am Rand von Gehwegen als in Pflasterritzen.

KRIECHENDES FINGERKRAUT

Wuchsfreudiger Bodendecker

Potentilla reptans | Rosengewächs

WIE KLEINE HÄNDE sehen die Blätter mit ihren fünf Fiedern aus, deshalb wird die Art auch Fünffingerkraut genannt. Gärtnern ist diese Art nicht willkommen, denn von ihrer bis zu 45 cm langen Pfahlwurzel breitet sie sich mit ihren bis zu einem Meter langen Ausläufern in die Beete aus und deckt diese dicht mit Blättern und gelben Blüten zu. Die jungen Teile sind essbar, schmecken aber sehr herb – Kaninchen und Meerschweinchen lieben das Fingerkraut trotzdem. Über 20 Wildbienenarten sammeln hier Pollen, die Samen werden von Ameisen verbreitet.

TYPISCH: Kriechende Pflanze mit handförmigen Blättern an bis zu 1 m langen, oft rötlich überlaufenen Ausläufern, an den Knoten wurzelnd | **WUCHSFORM:** Staude | **HÖHE:** 10–20 cm | **BLATT:** wechselständig, fünfzählig gefingert, fein gezähnt | **BLÜTE:** Juni–Aug | **FRUCHT:** Nüsschen

GEWÖHNLICHE NELKENWURZ

Anhängliche Früchtchen in Igelform

Geum urbanum | Rosengewächs

WÜRZIGE WURZELN, die nach Nelken duften, zeichnen diese weit verbreitete Art aus, die du überall in der Stadt finden kannst. Schon ihr Name „*urbanum*" = städtisch zeigt an, dass sie gerne siedlungsnah wächst. Ihre rübenförmigen Rhizome (Wurzelstöcke) enthalten das Glycosid Gein (gesprochen „Ge-in"), aus dem beim Trocknen das ätherische

TYPISCH: Immergrüne Rosette aus gestielten, unpaarig gefiederten und behaarten Blättern | **WUCHSFORM:** Staude | **HÖHE:** 30–120 cm | **BLATT:** kurzgestielte Stängelblätter mit dreigeteilten Blättchen, wechselständig | **BLÜTE:**  Mai–Sep | **FRUCHT:** Sammelnussfrucht mit Haken

Öl Eugenol entsteht, das intensiv nach Gewürznelken duftet. Die jungen Blätter, Triebe und Blüten sind essbar, manche verwenden auch die Wurzeln, frisch oder getrocknet, als Gewürz. Die Rhizome wurden früher auch medizinisch eingesetzt, z. B. gegen Hauterkrankungen, Fieber und Entzündungen, bei Magen- und Verdauungsproblemen oder als Aphrodisiakum. Die Wurzeln können auch Zahnpasten und Mundwässern zugesetzt werden, da sie Entzündungen im Mundbereich vorbeugen. Ein Extrakt aus den Wurzeln verfeinerte Kräuterlikör, Wein oder Bier. Man glaubte sogar, das Wurzelpulver könne Hexen und Teufel vertreiben.

LICHT UND FRISCH mag es die Echte Nelkenwurz, sie liebt eigentlich Standorte in halbschattigen Wäldern oder Gebüschen und auf nährstoffreichen Böden. Aber sie kommt auch in der Stadt gut zurecht, oft auf Brachen und schattigen Ruderalfluren.

KLEINE BLÜTEN, KLEINE BESUCHER Die häufigsten Blütenbesucher der kleinen gelben Blüten, die auf sparrigen Stängeln sitzen, sind Fliegen, Schwebfliegen und Käfer. Andere Insekten besuchen die Blüten eher selten. Außerdem ist die Pflanze Futterpflanze für die Raupen mehrerer Falterarten.

Die Fruchtstände der Nelkenwurz sehen fast wie kleine Igel aus. Mit Widerhaken bleiben die Samen an Fell oder Kleidung hängen und werden so verbreitet.

#KRAUTSCHAU

Vor allem nach der Blüte kann man die Gewöhnliche Nelkenwurz eindeutig erkennen: Die kugeligen, aufrechten Fruchtköpfchen machen sie unverwechselbar.

KUGELN MIT HAKEN Die reifen Früchte bilden kugelige kleine Köpfchen mit nach außen gerichteten Kletthaken, die wie kleine Igel aussehen. Mit diesen Haken heften sie sich an vorbeistreifenden Tieren oder auch an unseren Kleidungsstücken fest und werden so verbreitet.

EUROPÄISCHER PORTULAK

Leckerer Bodendecker

Portulaca oleracea | Portulakgewächs

SCHMACKHAFTES „UNKRAUT“ Wahrscheinlich in Südost- und Südeuropa beheimatet, wird der Portulak seit mehreren tausend Jahren zur Ernährung genutzt. Die jungen Blätter schmecken leicht salzig-säuerlich und nussartig, ältere Blätter werden bitter, vor allem nach der Blüte. Die Blütenknospen können gesammelt und wie Kapern verwendet werden. Die Pflanze enthält viele Vitamine (v. a. Vitamin C), Mineralstoffe und Spurenelemente sowie Omega-3-Fettsäuren. Der Europäische Portulak ist nicht zu verwechseln mit dem sogenannten Winter-Portulak, mit dem er botanisch nicht verwandt ist und der aus Nordamerika stammt.

IN DER VOLKSHEILKUNDE wird Portulak-Tee bei Blasen- und Nierenleiden angewendet. Er gilt als

TYPISCH: Meist liegende Pflanze mit verzweigter, rosettenartiger Wuchsform, oft rötlich überlaufen | **WUCHSFORM:** einjährig | **HÖHE:** 10–30 cm | **BLATT:** frisch (gelb-) grün bis rötlich überlaufen, fleischig, 1–3 cm lang, bis 1,5 cm breit, stumpf spatelförmig | **BLÜTE:** ✿ Juni–Sep | **FRUCHT:** Kapselfrucht

#KRAUTSCHAU

Eine Pflanze kann bis zu 193.000 winzige Samen entwickeln, die aus kleinen becherartigen Kapselfrüchten verstreut werden – mindestens einer davon findet bestimmt ein neues Plätzchen zum Keimen.

Die kleinen gelben Blüten blühen nur einen Vormittag lang.

blutreinigend und entzündungshemmend. Seine mehrfach ungesättigten Fettsäuren schützen die Gefäße und fördern die Serotonin-Produktion im Gehirn, deshalb gilt Portulak auch als natürliches Antidepressivum.

MIT SONNENSCHUTZ Portulak wächst nicht nur gut im Gemüsebeet, sondern gerne auch an Wegrändern und auf Gehwegen, wo er in den Fugen wurzelt und sich, rosettenartig verzweigt, flach ausbreitet. An sehr sonnigen Standorten schützt er sich mit einer rötlichen Färbung der Blätter und Stängel vor zu starker Sonneneinstrahlung.

VERMEHRT SICH SCHNELL Die kleinen gelben Blüten blühen nur einen Vormittag und bestäuben sich meist selbst. Sie werden nur selten von Insekten – Fliegen und Ameisen – besucht. In der Landwirtschaft wird der Portulak als Unkraut betrachtet, da er sich sehr schnell vermehrt: Von der Keimung dauert es bei warmer Witterung nur 4–6 Wochen, bis die nächsten Samen reif sind. Diese sind außerdem sehr langlebig (nach 14 Jahren keimen noch 50 %), können schwimmen und ertragen salziges Meerwasser – so konnte er sich weltweit verbreiten.

BOTANISCHE BESONDERHEIT Portulakarten sind die einzigen Pflanzenarten, die je nach Umweltbedingungen zwischen zwei verschiedenen Formen der Fotosynthese (nämlich der C4- und der CAM-Fotosynthese) wechseln können. Der CAM-Metabolismus hilft den Pflanzen vor allem an trockenen Standorten mit viel Sonne und hohen Temperaturen dabei, Wasser zu sparen.

#KRAUTSCHAU
Diese Art steht in Gruppen und selten als einzelnes Individuum, weil sie in großen Mengen Jungpflanzen an meterlangen, oberirdischen Ausläufern bildet und zahlreiche Samen produziert.

KRIECHENDER HAHNENFUSS

Meterlange, beblätterte Ausläufer

Ranunculus repens | Hahnenfußgewächs

SCHWACH GIFTIGE STADT-LAND-BUTTERBLUME Der Kriechende Hahnenfuß enthält weniger des toxischen Protoanemonins als andere Hahnenfußgewächse und wird deshalb als schwach giftig angesehen. Das Eindringen in verdichtete Böden gehört zu seinem Spezialgebiet und somit kommt er überall dort vor, wo der Boden verdichtet ist. Die Hahnenfußscherenbiene ist auf die Pflanzengattung *Ranunculus* angewiesen – sie nistet häufig in Bienenhotels, wenn Hahnenfuß vorhanden ist.

TYPISCH: Blütenblätter führen am Grund Nektar = Nektarblatt | **WUCHSFORM**: Staude | **HÖHE**: 15–40 cm | **BLATT:** wechselständig mit dreizähligen Blättern, mittleres Blättchen gestielt | **BLÜTE:** mit gefurchtem Blütenstiel, Mai–Aug | **FRUCHT:** Nussfrüchte

#KRAUTSCHAU
Aus den aufrecht stehenden Früchten werden die Samen (auch bei Berührung – ausprobieren!) herausgequetscht und über einen Meter weit weggeschleudert – so erreichen sie jeden Winkel unserer Städte.

HORN-SAUERKLEE

Saurer Sonnenanbeter

Oxalis corniculata | Sauerkleegewächs

IM 19. JAHRHUNDERT wurde dieses hübsche Pflänzchen wohl aus dem Mittelmeergebiet nach Europa gebracht. Horn-Sauerklee mag Wärme, verträgt aber keinen Frost und überwintert als Samen. Er kommt mit Trockenheit sehr gut zurecht und schützt seine Blätter vor intensivem Licht mit einer dunkelroten Färbung.

Die Blüten öffnen sich nur bei direkter Sonne. Hat sich der Horn-Sauerklee bis in die Blumentöpfe auf deinem Balkon vorgearbeitet (Ameisen verschleppen die Samen), freu dich: Die Blättchen schmecken erfrischend sauer, z.B. im Salat.

TYPISCH: Kriechende Ausläufer bilden lockere, typisch rötlich-braune Polster | **WUCHSFORM:** ein- bis mehrjährig | **HÖHE:** 10–50 cm | **BLATT:** wechselständige, gestielte Laubblätter, die sich aus drei herzförmigen Fiedern zusammensetzen | **BLÜTE:** Juni–Sep | **FRUCHT:** Kapselfrucht

TOMATE

Aus der Dönerbude entwischt?

Solanum lycopersicum | Nachtschattengewächs

#KRAUTSCHAU
Tomaten können durch Ableger vermehrt werden. Wilde Tomaten in Innenstädten haben sich aus weggeworfenen Kernen entwickelt.

VIBRIERENDE BLÜTEN Wir waren anfangs etwas verwundert, als wir bei unseren Krautschauspaziergängen die ersten Tomatenkeimlinge in der Freiburger Innenstadt gefunden haben. Die Vermutung: weggeworfene Reste aus einer Dönerbude ganz in der Nähe. Die Tomate keimt leicht, kommt aber an Standorten mit viel Trittbelastung selten zur Blüte. Falls doch, werden Tomatenblüten durch Wind bestäubt – oder Hummeln helfen mit einem schnellen Flügelschlag nach und führen eine sogenannte Vibrationsbestäubung durch. Tomaten stammen ursprünglich aus Amerika und sind vermutlich mit Kolumbus nach Europa gekommen.

TYPISCH: Drüsige Haare und Tomatengeruch an der gesamte Pflanze | **WUCHSFORM:** ein- bis zweijährig | **HÖHE:** 20–200 cm | **BLATT:** wechselständig, unterbrochen unpaarig gefiedert| **BLÜTE:** verwachsene gelbe Blütenblätter, Staubblätter zur Röhre verwachsen, Mai–Aug | **FRUCHT:** Beere (richtig, Tomaten sind botanisch gesehen Beeren)

#KRAUTSCHAU

Löwenzahn ist der bekannteste Windausbreiter: Der Kelch jeder einzelnen Blüte im Blütenkörbchen wird zu einem kleinen Fallschirm. Wer pustet die Fallschirm-Samen nicht gerne vom Blütenboden in die Luft?

WIESEN-LÖWENZAHN

Die Allerweltspflanze

Taraxacum officinale | Korbblütengewächs

WÄCHST EINFACH ÜBERALL!

Der Löwenzahn liebt nährstoffreiche, tiefgründige Böden, wir finden aber auch kleine Blattrosetten in trockenen Pflasterfugen. Man kann ihn praktisch überall als Kaninchenfutter sammeln. Löwenzahn produziert sehr viel Pollen und wird gerne von Wild- und Honigbienen besucht. Weil im Pollen aber nicht alle essenziellen Aminosäuren enthalten sind, können sie sich nicht alleine davon ernähren. Auf Holländisch heißt der Löwenzahn auch „Pissebloem" – er steht halt gerne an Ecken, an denen (nicht nur) Hunde urinieren.

TYPISCH: Blattloser, hohler Stängel mit Milchsaft | **WUCHSFORM:** einjährig | **HÖHE:** 10–30 cm | **BLATT:** fiederspaltige Blätter in einer Grundrosette | **BLÜTE:** gelbe Zungenblüten, Apr–Juli | **FRUCHT:** Achäne mit Flugorgan

KOMPASS-LATTICH

Zeigt die Himmelsrichtungen

Lactuca serriola | Korbblütengewächs

KOMPASS-FUNKTION Die steifen Blätter zeigen in der Regel nach Süden und Norden – aufgrund dieser Besonderheit hat der Kompass-Lattich seinen Namen bekommen. Er wird dir auf der Krautschau die Himmelsrichtung anzeigen. Die „Kompass-Stellung" ist eine Anpassung an Hitze und sehr starkes Sonnenlicht. Dabei steht die Blattspreite senkrecht und die Schmalseite zeigt in Nord-Süd-Richtung. Dies schützt die Blattspreite vor starkem Sonneneinfall. Allerdings ändert sich die Ausrichtung der Blätter je nach Sonneneinfall und Strahlungsintensität. Die Bewegung, mit der Pflanzen auf den Reiz Sonneneinstrahlung reagieren, wird „Phototropismus" genannt. Du kannst das z. B. auch bei der Sonnenblume beobachten.

TYPISCH: Hauptnerv unterseits der Blätter stachelig; Blätter stehen senkrecht; Milchsaft | **WUCHSFORM:** ein- bis zweijährig | **HÖHE:** 60–230 cm | **BLATT:** Wechselständig mit fiederspaltigen oder gelappten, stacheligen Blättern | **BLÜTE:** 15–25 gelbe Zungenblüten, Juli–Sep | **FRUCHT:** Achäne mit gestieltem Flugorgan

Der Kompass-Lattich wächst gerne entlang von Zäunen und Wegrändern.

STACHEL-LATTICH UND ZAUN-LATTICH sind die anderen geläufigen Namen dieser Pflanze. Die Blätter sind stachelig und die Pflanze wächst entlang von Mauern und Zäunen. Auch an Wegrändern oder entlang von Bahngleisen breitet sich der Kompass-Lattich aus. Schaue aus dem Zug, wenn dieser mal wieder unerwartet hält. Die Wahrscheinlichkeit, dass du im Sommer den Kompass-Lattich mit seiner dunkelgrünen Färbung und den kleinen gelben Blüten siehst, ist groß.

#KRAUTSCHAU

Der Haarschopf (Pappus) des Samens ist beim Kompass-Lattich gestielt. Die Samen sind sehr leicht und die Windausbreitung ist dank dieser „Flughilfe" sehr effizient.

KOMPASS-LATTICH-EULEN und andere Nachtfalterraupen fressen gerne an der saftigen Pflanze mit dem weißen Milchsaft (dieser Milchsaft gab ihr den Gattungsnamen *Lactuca*). Ein Tipp, wenn du mal auf eine Raupe an einer Pflanze stößt: Mit der App iNaturalist kannst du Tiere und Pflanzen anhand von Fotos bestimmen und Fachleute überprüfen die Bestimmung. Bei Raupen klappt das recht gut.

BITTERE PFLANZE Vor allem nach der Blüte enthält der essbare Kompass-Lattich viele Bitterstoffe. Er ist daher im Salat nicht sehr beliebt. In Smoothie-Rezepten zusammen mit anderem Obst und Gemüse hat die Pflanze aber ihren Platz gefunden, denn die Bitterstoffe sind gesund und es stecken auch einige Vitamine und Eisen in den Blättern.

#KRAUTSCHAU
Die Schirmchen fliegen weit mit dem Wind, heften sich aber auch an Tiere. Alle Tiere, die gerne Löwenzahn essen, mögen auch den Kleinblütigen Pippau.

KLEINBLÜTIGER PIPPAU

Schirmchenflieger

Crepis capillaris | Korbblütengewächs

GELBE BLÜTEN ENTLANG VON WEGEN Diese Pflanze wächst nicht nur häufig auf mageren Weiden und Wiesen, sondern auch auf Unkrautfluren, Brachen und Schuttplätzen. Oft ziert sie mit ihren gelben Blüten die Ränder von Wegen und Mauern. Zottelbienen lieben die kleinen, gelben Blütenkörbchen, die nur aus Zungenblüten bestehen. Selbstbestäubung kommt zumindest in Versuchen in meinem Garten häufig vor. In Salaten kann der Kleinblütige Pippau ähnlich wie der Löwenzahn verwendet werden.

TYPISCH: Löwenzahnähnliche Blätter mit mehreren Köpfchen; Milchsaft | **WUCHSFORM** mehrjährig | **HÖHE:** 10–100 cm | **BLATT:** überwiegender Teil der fiederspaltigen Blätter grundständig, am Stängel mit pfeilförmiger Basis | **BLÜTEN:** nur Zungenblüten, Mai–Okt | **FRUCHT:** Achäne mit Schirmchen wie beim Löwenzahn

#KRAUTSCHAU

Naturschutzorganisationen haben der giftigen Pflanze den Kampf angesagt. Freiwillige – darunter viele Pferdehalter – reißen die Pflanzen vor der Blüte aus.

JAKOBS-GREISKRAUT

Giftig für uns, nicht für den Blutbär

Jacobaea vulgaris | Korbblütengewächs

DURCH DEN ALKALOID-GEHALT sind alle Teile des Jakobs-Greiskrauts giftig – für Menschen und viele Tiere. Nicht aber für die gelb-schwarz geringelten Raupen des Blutbärs (ein tagaktiver Nachtfalter): Sie fressen an der Pflanze, nehmen die Alkaloide auf und werden für Fressfeinde ungenießbar. Auch im Honig finden sich die Alkaloide, wenn Honigbienen am Jakobs-Greiskraut Nektar sammeln – deshalb sind Stadtimker wenig begeistert darüber, dass sich diese Art so stark ausbreitet.

TYPISCH: Viele gelbe Blütenkörbchen mit langen Zungenblüten und Röhrenblüten | **WUCHSFORM:** zweijährig | **HÖHE:** 30–100 cm | **BLATT:** wechselständig, fiederspaltige, kahle Blätter, manchmal spinnwebenartig behaart | **BLÜTE:** gelbe Röhrenblüten und lange Zungenblüten, Juli–Sep | **FRUCHT:** Achäne mit Schirmchen

#KRAUTSCHAU

So hübsch die Pflanze mit ihren leuchtend gelben Blüten ist, so ist sie doch nicht sehr willkommen. Sie ist giftig, bildet oft große Bestände und verdrängt stellenweise einheimischen Arten.

SCHMALBLÄTTRIGES GREISKRAUT

Giftiger Einwanderer

Senecio inaequidens | Korbblütler

DURCHSETZUNGSFÄHIGE GREISE „*Senecio*“ bedeutet „alter Mann, Greis“. Die Gattung heißt wohl aufgrund der an Greisenhaare erinnernden weißlichen Haarkronen der Früchte so. Die Pflanze ist seit dem 19. Jahrhundert in europäischen Hafenstädten zu finden, die Samen wurden mit Wollimporten aus Südafrika eingeschleppt. Aber erst seit den 1970er-Jahren breitet sie sich entlang von Autobahnen und Bahnstrecken in ganz Europa aus. Die leichten Samen werden vom Fahrtwind mitgerissen.

TYPISCH: Stark verzweigte Pflanze, die auf warmen, trockenen Standorten gerne große, auffällige Bestände bildet | **WUCHSFORM:** Staude | **HÖHE:** 20–60 cm | **BLATT:** linealisch bis schmal-lanzettlich, unten stängelumfassend, nur 1–5 mm breit, ca. 6 cm lang, fein gezähnt | **BLÜTE:** Aug–Okt | **FRUCHT:** Nüsschen

#Krautschau

Die Samen sind wie bei der Pusteblume mit einem Haarschopf versehen und verbreiten sich durch den Wind. Die Früchte bilden Schleim und bleiben damit an Schuhen und Reifen hängen.

GEWÖHNLICHES GREISKRAUT

Transportschleim und guter Flieger

Senecio vulgaris | Korbblütengewächs

VERBREITET SICH RASANT in Siedlungsbereichen und blüht in Süddeutschland ab und an auch im Winter. Das Gewöhnliche Greiskraut ist eher beliebt bei Schwebfliegen, kann sich aber, wenn nötig, auch selbst bestäuben. Die Pflanze enthält Pyrrolizidinalkaloide und ist damit giftig. Diese Greiskrautart ist ein häufiges Beikraut auf Äckern in Europa und den USA. Es wird seit vielen Jahren mit Herbiziden bekämpft und hat gegen manche chemische Mittel bereits Resistenzen entwickelt.

TYPISCH: Körbchen mit nickenden Röhrenblüten, schwarze Spitzen an der Blütenhülle | **WUCHSFORM:** einjährig | **HÖHE:** 10–30 cm | **BLATT:** wechselständig, fiederspaltig bis unregelmäßig gefiedert | **BLÜTE:** gelbgrüne Röhrenblüten, keine Zungenblüten, Feb–Nov | **FRUCHT:** Achäne mit Flugorgan wie beim Löwenzahn

KANADISCHE GOLDRUTE

Attraktiver Neophyt für Menschen und Insekten

Solidago canadensis | Korbblütengewächs

ERST IM 19. JAHRHUNDERT breitete sich die Kanadische Goldrute stark aus und wurde invasiv, obwohl sie schon 1648 aus Nordamerika in den botanischen Garten nach Paris kam. Sie wurde als Zierpflanze und Bienenweide kultiviert und wird immer noch in Gartenzentren angeboten. Inzwischen wird sie im Rahmen von Naturschutzaktivitäten bekämpft und verschiedene Studien zeigen eine Verdrängung der heimischen Flora, dies lässt sich auch gut beobachten.

SEHR BELIEBT bei Wild- und Honigbienen ist die Kanadische Goldrute dennoch und sie ist neben dem Efeu die Pflanze, an der wir im

TYPISCH: Pyramidenförmige Rispe mit sehr vielen kleinen, gelben Blütenkörbchen | **WUCHSFORM:** Stauden | **HÖHE:** 50–250 cm | **BLATT:** wechselständig mit lanzettlichen Blättern, die im vorderen Bereich gesägt sind | **BLÜTE:** winzige gelbe Zungen- und Röhrenblüten, Aug–Sep | **FRUCHT:** Achäne

#KRAUTSCHAU

Viele flugfähige Samen und Wurzelausläufer ermöglichen der Goldrute eine schnelle Ausbreitung. Allerdings nicht in der Ritzenvegetation – du findest sie aber überall auf Schutt- und Bauflächen oder an Bahngleisen.

Spätsommer die meisten Blütenbesuche in urbanen Gebieten beobachten. Noch nicht geklärt ist, ob es wirklich gut für die Bienen ist, im Herbst ein großes Blütenangebot zu bekommen. Im Spätsommer und Herbst gibt es in den natürlichen Ökosystemen weniger Blüten, und daran sind die einheimischen Bienenarten angepasst. In Städten blühen nicht einheimische Pflanzen aber weit in den Spätherbst hinein. Die Bienenpopulationen bleiben dank des guten Futterangebots lange stark, bis sie plötzlich vom Frost überrascht werden und für den Winter nicht genügend Vorräte haben.

FARBSTOFFGEWINNUNG Früher wurde ein gelblicher Farbstoff aus der Kanadischen Goldrute gewonnen. Die gelbe Farbe kommt vor allem durch die Flavonoide Quercetin und Astragalin zustande.

BEKÄMPFUNG Entlang von Wegen in der Stadt brauchen wir die Kanadische Goldrute nicht zu bekämpfen. Meistens finden wir sie hier aber auf größeren Schutt- und Ödflächen. Größere Bestände nehmen anderen Arten den Lebensraum. Leider lässt sich die Pflanze nicht so einfach aus der Erde zupfen. Mehrmaliges Mähen unterdrückt die Goldrute, aber sobald man wieder damit aufhört, dominiert sie wieder. Für eine effektive Bekämpfung müssen die Wurzelrhizome entfernt werden. Wir müssen aufpassen, dass wir die Kanadische Goldrute nicht in die natürlichen Ökosysteme lassen.

Auf Schutt- oder Ödflächen erobert die Kanadische Goldrute neuen Lebensraum.

#KRAUTSCHAU
Bei Regen quellen die Samen schleimig auf und kleben zusammen. Sie bleiben an Fahrradreifen und Schuhen hängen. Wenn ein Autoreifen die Samen mitnimmt, fahren sie weite Strecken.

STRAHLENLOSE KAMILLE

Schleimende Samen für den Ferntransport

Matricaria discoidea | Korbblütengewächs

AUS NORDAMERIKA UND NORDASIEN VERSCHLEPPT, finden wir diese Kamille inzwischen häufig in Städten und Dörfern. Sie ist die einzige Kamille ohne Zungenblüten und galt vor ihrer massiven, weltweiten Ausbreitung als eine Besonderheit. Die Strahlenlose Kamille duftet, aber nicht so stark wie die Echte Kamille, und ihr ätherisches Öl ist anders zusammengesetzt als bei dieser. Sie hat in der Naturheilkunde keine so große Bedeutung wie die Echte Kamille.

TYPISCH: Körbchen ohne Zungenblüten, aromatischer Duft | **WUCHSFORM:** einjährig | **HÖHE:** 5–30 cm | **BLATT:** wechselständig, fiederspaltige, kahle Blätter | **BLÜTE:** gelbgrüne Röhrenblüten, keine Zungenblüten, Juni–Aug | **FRUCHT:** Achäne ohne Flugorgan

MAUERLATTICH

Ziert alte Mauern auch an schattigen Orten

Mycelis muralis | Korbblütengewächs

#KRAUTSCHAU

Wunderschöne Haarkränze bilden sich aus den fünf Schirmchen mit dunkelbraunen Samen. Sie werden nicht nur vom Wind davongetragen, sondern auch von Regenwasser, das an Mauern herabfließt.

WIND UND WASSER bringen den Mauerlattich zur erfolgreichen Ausbreitung. Vor allem an halbschattigen bis schattigen Mauern wächst der gelbe Lattich mit den wenigen Zungenblüten. Wie auch bei anderen Lattichen hat die Pflanze Milchsaft. Besonders Schwebfliegen und kleine Schmal- und Zottelbienen besuchen den Mauerlattich, allerdings klappt auch die Selbstbestäubung prima und die Pflanze ist nicht zwingend auf die blütenbesuchenden Insekten angewiesen.

TYPISCH: Lockere Blütenrispe mit nur fünf Zungenblüten an einem Blütenkörbchen | **WUCHSFORM:** Staude | **HÖHE:** 60–80 cm | **BLATT;** Wechselständig, kahl, leierförmig bis fiederteilig mit deutlich größerer Endfieder im Vergleich zu den seitlichen Fiedern, unterseits bläulich grün | **BLÜTE:** 🌼 fünf Zungenblüten in kleinen Körbchen, Juli–Aug | **FRUCHT:** Achäne mit Flugorgan

KOHL-GÄNSEDISTEL

Mittelalterliche Gemüse- und Heilpflanze

Sonchus oleraceus | Korbblütengewächs

SCHON IM MITTELALTER kam die Kohl- oder Gemüse-Gänsedistel aus dem Mittelmeerraum als Gemüsepflanze zu uns. Heute ist sie weltweit in den gemäßigten Breiten zu finden. Beim Wildcampen ist diese alte Gemüsepflanze bei uns immer noch sehr beliebt: einfach die Blätter sammeln und dünsten. Sie enthalten viel Vitamin C, aber auch Mineralstoffe und Eisen. Die Wurzelstöcke kann man trocknen und daraus ein Mehl zum Andicken von Speisen gewinnen. Die Blätter, hohlen Stängel und Blüten werden, ähnlich wie Löwenzahn, von Hasen und Kaninchen gern gefressen.

TYPISCH: Gezähnte, stachelig wirkende, stängelumfassende Blätter, oft mit rötlichem Rand | **WUCHSFORM:** einjährig | **HÖHE:** 30–100 cm | **BLATT:** wechselständig und stängelumfassend mit gezähnten, aber nicht dornigen, kahlen Blättern; zugespitzte Öhrchen am Blattgrund | **BLÜTE:** viele gelbe Zungenblüten, keine Röhrenblüten, Juni–Okt | **FRUCHT:** Achäne mit Flugorgan, wesentlich dichter als beim Löwenzahn

Und auch bei Gänsen ist die Pflanze – wie der Name vermuten lässt – wohl recht beliebt.

ALTE HEILPFLANZE Wegen des Inhaltstoffs Taraxasterol wurde die Kohl-Gänsedistel schon im Mittelalter als Heilpflanze verwendet. Dieser Wirkstoff mit hoher Konzentration im Milchsaft hat eine antientzündliche Wirkung. So kann man beispielsweise Hautkrankheiten wie Akne damit behandeln. Im Mittelalter wurde die Kohl-Gänsedistel sehr vielfältig zur inneren und äußeren Anwendung eingesetzt. Heute nutzen wir den Naturstoff selten.

#KRAUTSCHAU

Als Schirmchenflieger wird die Gänsedistel effizient mit dem Wind ausgebreitet. Auch Insekten- und Vogelverbreitung wurde beobachtet, was sicher an den nahrhaften, ölhaltigen Samen liegt.

Die Gänsedistel findet Platz in der kleinsten Ritze.

MITTAGS GESCHLOSSEN Wie bei vielen Korbblütengewächsen mit nur Zungenblüten schließen sich die Blütenkörbchen am Mittag. In der Stadt beobachten wir weniger Wildbienen und Fliegen an den Blüten als am Löwenzahn. Die Pflanze scheint aber von der Bestäubung zu profitieren. Beim Bestäuberausschluss (indem man Tütchen über die Blüten stülpt und sie so unzugänglich macht) entwickeln sich weniger Samen.

HUFLATTICH

Husten weg bei jedem Wetter

Tussilago farfara | Korbblütengewächs

ERST BLÜTEN, DANN BLÄTTER
Im Frühjahr erscheinen zuerst die Blüten, lange bevor die Pflanze Blätter bekommt. Dies sagt auch ein Merkspruch, der die wichtigsten Eigenschaften des Huflattichs zusammenfasst, und der geht so:

„Schmatzend sprach die Kuh-Mama:
Tussilago farfara.
Sie sagt zu ihrem Kalb:
Mach nie 'ne Sache halb,
erst die Blüten, dann die Blätter,
Husten weg bei jedem Wetter".

TYPISCH: Während der Blüte gibt es keine grünen Blätter; Blütenköpfe einzeln auf filzigen Stängeln | **WUCHSFORM:** Staude | **HÖHE:** 7–30 cm | **BLATT:** grundständig, herzförmig-rundlich mit einer filzigen Unterseite und schwärzlichen Spitzen | **BLÜTE:** sehr schmale, gelbe Zungenblüten, wenige Röhrenblüten, Mär-Apr | **FRUCHT:** Achäne mit Flugorgan

HUFLATTICH ODER PESTWURZ Das fragen sich viele, wenn nur die Blätter der Pflanze zu sehen sind. Doch da die Pestwurz feuchte und schattige Lebensräume bevorzugt, findet man sie eigentlich nur sehr selten in der Stadt. Wer genau hinschaut, kann die beiden Arten trotzdem gut an ihren Blättern unterscheiden: Nur der Huflattich hat schwärzliche Spitzen an den Blättern, die Pestwurz nicht. Sieht man die beiden Pflanzen blühen, kann man sie aber nicht mehr miteinander verwechseln.

BESONDERES BLÜTENKÖRBCHEN Innerhalb eines Blütenkörbchens findet man männliche und weibliche Blüten: Die sehr schmalen, zahlreichen Zungenblüten sind weiblich, haben also nur Fruchtblätter und keine Staubblätter. Die im Vergleich wenigen Röhrenblüten sind dagegen alle männlich und haben nur Staubblätter.

#KRAUTSCHAU

Verblühte Stängel – die mit der Pusteblume am Ende – sind länger als blühende und nicken, also hängen herunter. Dies ist von Vorteil für die Samenverbreitung durch Luftbewegungen.

METERLANGE AUSLÄUFER Der Huflattich ist nicht nur ein erfolgreicher Windausbreiter, sondern kann sich auch vegetativ neuen Lebensraum erschließen. Er bildet aus seinem Wurzelstock lange Wurzelausläufer, die sich an Steinen und Baumwurzeln vorbeischlängeln, bis sie einen günstigen Platz zum Wachsen gefunden haben.

HUSTEN WEG Ein Teil des wissenschaftlichen Namens *Tussilago* verrät, dass seine Inhaltsstoffe gegen Husten = tussis helfen können. Da der Huflattich aber auch giftige Alkaloide enthält, ist es nicht ratsam, die wilde Pflanze als Heilpflanze zu verwenden. Für Heilzwecke werden spezielle, alkaloidfreie Züchtungen eingesetzt.

Huflattich (oben) und Pestwurz (unten) haben sehr ähnliche Blätter, aber nur der Huflattich hat kleine schwarze Spitzen am Blattrand.

#KRAUTSCHAU

Tausende winzige Samen produziert eine Pflanze. Die Verbreitung erfolgt durch Wind, Regen, den Menschen und trotz der kleinen Samengröße auch durch Vögel.

GEWÖHNLICHER BEIFUSS

Das Heuschnupfenkraut

Artemisia vulgaris | Korbblütengewächs

DOMINANTES BEIKRAUT IN HACKFRÜCHTEN Der Gewöhnliche Beifuß lässt sich eigentlich gut mit der Wurzel aus dem Boden entfernen. Als Kind habe ich dies aber nicht immer geschafft, wenn sich der Beifuß in den Zucker- und Runkelrüben-Äckern ausgebreitet hatte. Die Pflanze löst wie die Ambrosie (S. 111) durch ihre vom Wind verbreiteten Pollenkörner Heuschnupfen aus. Schau genau hin: Manchmal kann man die Raupe des seltenen Beifuß-Mönchs mit seinem grün-weißen, streifenförmigen Muster an den Blättern finden.

TYPISCH: Blätter oben grün, unten weißfilzig, schwach aromatischer Geruch beim Zerreiben der Blätter | **WUCHSFORM:** Staude | **HÖHE:** 60–250 cm | **BLATT:** wechselständig mit fiederspaltigen Blättern| **BLÜTE:** ✿ Juli–Nov | **FRUCHT:** Achäne, eine einsamige Schließfrucht

#KRAUTSCHAU

Die Samen werden durch Regen verbreitet, im Stadtbereich bleiben die Samen auch gerne an Schuhsohlen hängen. An den Sprossen können sich Wurzeln bilden, sodass auch eine vegetative Vermehrung möglich ist.

HOPFENKLEE

Explodiert beim Blütenbesuch

Medicago lupulina | Schmetterlingsblütengewächs

ÜBERALL, DOCH MEIST ÜBERSEHEN ist eine hervorragende Beschreibung für den kleinen gelben Klee, dessen Blüten an die Blüten des Hopfens erinnern. Er ist ein Pionier an Wegrändern und auf trockenen Wiesenflächen in kalk- und lehmhaltigen Gegenden. Von anderen Kleearten mit kleinen, gelben Blüten kann man ihn an den Blättern unterscheiden: Geht die Mittelrippe vorne am Blatt in eine Spitze über, ist es der Hopfenklee. Cooler Bestäubungstrick: Wenn eine Honigbiene, Wildbiene oder Fliege auf der Blüte landet, schnellen die Staubblätter heraus, um ihren Pollen explosionsartig auf das Insekt zu laden.

TYPISCH: Blättchen mit Spitze; Frucht ähnelt einer Schnecke | **WUCHSFORM:** ein- bis zweijährig | **HÖHE:** 15–60 cm | **BLATT:** wechselständig mit dreizähligen Blättchen; mittlere länger gestielt | **BLÜTE:** Mai–Okt | **FRUCHT:** Hülsenfrucht mit einsamigen Nüssen

#KRAUTSCHAU
Heute nur noch selten auf Äckern zu finden – dafür häufig auf Grasflächen, Brachen und Böschungen im urbanen Raum. Es mag sandige, magere Böden, die es bis zu 45 cm tief durchwurzelt.

WILDES STIEFMÜTTERCHEN (ACKER-VEILCHEN)

Unermüdlich blühender Farbtupfer

Viola tricolor | Veilchengewächs

DREIFARBIGE FAMILIENBANDE
„Stiefmütterchen" beschreibt die fünf Kronblätter der Blüte: Das größte, untere Kronblatt stellt die Stiefmutter dar, die auf zwei Stühlen (Kelchblättern) sitzt. Ihre Töchter sitzen links und rechts neben ihr auf je einem Stuhl und bedecken teilweise die beiden darübersitzenden Stieftöchter, die sich den kleinsten Stuhl teilen und in Violett trauern. Die Blüte wird nur durch Insekten bestäubt, sieben Schmetterlingsarten dient sie als Raupenfutter.

TYPISCH: Zierliche Blüten mit violett-weiß-gelben Kronblättern und dunklen Adern | **WUCHSFORM:** ein-, selten mehrjährige Staude | **HÖHE:** 5–15 cm | **BLATT:** untere Blätter herz- bis eiförmig, stumpf und gekerbt, an aufrechtem, meist verzweigtem Stängel | **BLÜTE:** Apr–Sept | **FRUCHT:** Kapselfrucht

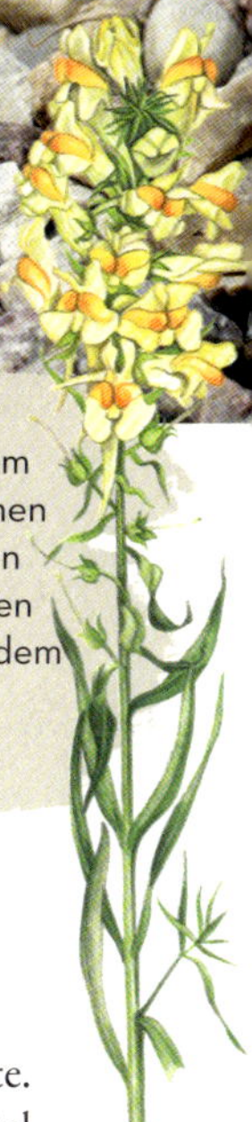

#KRAUTSCHAU

Leinkraut wurzelt bis zu einem Meter tief. Es wächst an warmen Standorten wie z. B. steinigen Böschungen, auf Schuttplätzen und trockenen Wegen und ist dem Menschen auch in die Städte gefolgt.

ECHTES LEINKRAUT

Kraftakt für Bestäuber

Linaria vulgaris | Wegerichgewächs

ZARTGELBER HINGUCKER

Das Echte Leinkraut, auch Kleines Löwenmaul genannt, ist nicht mit der blau blühenden Leinpflanze verwandt, auch wenn sich ihre Blätter ähneln. Die Blüte ist eine „Maskenblume": Die Unterlippe ist über die Oberlippe gestülpt und verschließt die Blüte. Insekten müssen die Blüte mit viel Kraft aufstemmen, um an den Nektar zu kommen. Erdhummeln sparen sich diese Mühe aber und beißen lieber den Blütensporn von außen auf – Nektardiebstahl ohne Gegenleistung.

TYPISCH: Hellgelbe Blüte mit langem Sporn, deren Schlund durch eine orangegelbe Maske verschlossen ist | **WUCHSFORM:** Staude | **HÖHE:** 20–75 cm | **BLATT:** ungestielt, 2–5 cm lang, 1–1,5 mm breit, linealisch-lanzettlich | **BLÜTE:** traubiger Blütenstand, Juni–Okt | **FRUCHT:** Kapselfrucht mit 2–3 mm langen Samen

KLATSCHMOHN

Knallroter Hingucker

Papaver rhoeas | Mohngewächs

IHN KENNT JEDES KIND! Als typisches Ackerbeikraut begleitet der Klatschmohn den Menschen seit der Jungsteinzeit. Er kommt mit trockenen, steinigen Böden gut zurecht, mag Wärme und leuchtet uns immer wieder in der Stadt entgegen. Seine Blüten spenden keinen Nektar, produzieren dafür aber riesige Mengen Pollen. Jede seiner hübschen Samenkapseln verstreut bis zu 5000 winzige Samen und es gibt sogar ein Patent für einen Salzstreuer nach dem Vorbild der Mohnkapsel – das wohl weltweit erste Bionik-Beispiel.

#KRAUTSCHAU

Obwohl der Mohn so zart aussieht, ist er ein robuster Tiefwurzler mit bis zu einen Meter langen Wurzeln, der in den Städten v.a. auf Schutt, an Wegen oder an Bahngleisen wächst. Er verträgt keinen Tritt.

TYPISCH: Zart-knittrig wirkende Blüten auf langen, dünnen, behaarten Stängeln, mit weißem Milchsaft | **WUCHSFORM:** einjährig | **HÖHE:** 30–90 cm | **BLATT:** borstig behaart, ca. 15 cm lang, lanzettlich, ein-bis zweifach fiederteilig, mit eingeschnittenem bis scharf gesägtem Rand | **BLÜTE:** Mai–Juli | **FRUCHT:** Kapselfrucht

#KRAUTSCHAU

Die Art ist sehr leicht mit dem Berg-Weidenröschen zu verwechseln, das ebenfalls in Städten vorkommt. Allerdings sind dessen Blätter gestielt und kahl.

KLEINBLÜTIGES WEIDENRÖSCHEN

Bescheidenes Röschen

Epilobium parviflorum | Nachtkerzengewächs

VON DEN KANAREN BIS NACH CHINA kommt diese anmutige Pflanze überall in der gemäßigten Zone vor. Sie mag feuchte, nährstoffreiche Standorte und wächst deshalb in den Städten nicht überall. An halbschattigen Ecken wirst du ihr aber immer mal wieder begegnen. Die rötlich überlaufenen, oberirdischen Pflanzenteile sterben im Herbst ab. Im nächsten Frühling treibt der Wurzelstock neu aus. Ein Extrakt der Pflanze wirkt antibakteriell und entzündungshemmend, Blätter und Blüten sind essbar.

TYPISCH: Aus längs aufspringenden, schlanken Kapseln werden flauschig behaarte Samen verstreut | **WUCHSFORM:** Staude | **HÖHE:** 30–80 cm | **BLATT:** wechselständig, sitzend, selten max. 3 mm gestielt, schwach gezähnt, behaart; schmal-elliptisch bis lanzettlich, max. 12 cm lang, 3 cm breit | **BLÜTE:** Juni–Sep | **FRUCHT:** Kapselfrucht

#KRAUTSCHAU
Auf dem Land wächst die Pflanze gern an stickstoffreichen Standorten wie Ställen und Misthaufen. Auch in der Stadt gibt es Orte, wo tierische Hinterlassenschaften für viel Stickstoff im Boden sorgen.

WEG-MALVE

Weder Käse noch Pappel

Malva neglecta | Malvengewächs

HEISST AUCH KÄSEPAPPEL Woher kommt der Name? Die kleinen, scheibenförmigen Früchte (schmecken übrigens angenehm nussig) sehen aus wie kleine runde Käselaibe. Aus den Blättern kochte man früher einen stärkenden Brei, der als „Papp“ bezeichnet wurde – Käsepappel! Die Weg-Malve ist in Europa und Westasien heimisch und weit verbreitet. Sie ist eine alte Heilpflanze, die traditionell z. B. gegen Halsentzündungen und als Hustenlöser eingesetzt wird und Vitamin C, Saponine, Tannine und Schleimstoffe enthält.

TYPISCH: Hellrosa bis fast weiße Blüten, kräftiger Wuchs, niederliegend | **WUCHSFORM:** ein- bis zweijährig | **HÖHE:** 15–50 cm | **BLATT:** wechselständig; bis 10 cm lang gestielt, Blätter 2–6 cm lang, rundlich bis nierenförmig, fünf- bis siebenlappig geteilt, mit gezähntem Rand | **BLÜTE:** Juni–Okt | **FRUCHT:** Teilfrüchte, die jeweils einen Samen enthalten

ROTE SCHUPPENMIERE

Zarte Schönheit

Spergularia rubra | Nelkengewächs

KÜRZER ALS EINEN TAG öffnen sich ihre zarten rosa Blütensterne, und dies auch nur bei schönem Wetter; sie schließen sich schon am Nachmittag wieder. Sie können sich selbst bestäuben und sind so nicht unbedingt auf die Fliegen angewiesen, die sie auch besuchen. Die grazile Pflanze mag nährstoffreiche, offene Standorte und verträgt verdichtete Böden, Tritt und Salz. Sie ist also viel robuster, als sie aussieht, und kommt mit dem schwierigen Standort Stadt gut zurecht.

#Krautschau

Die winzigen Samen werden z. T. durch den Wind verbreitet, sehr oft aber auch durch den Menschen, etwa an Schuhen haftend oder wenn Erde transportiert wird.

TYPISCH: Meist niederliegende, sich verzweigende Triebe mit büscheligen Sprossen in den Blattachseln, silberweiß glänzende Nebenblätter | **WUCHSFORM:** einjährig bis Staude | **HÖHE:** 4–25 cm | **BLATT:** gegenständig, ganzrandig, linealisch-fadenförmig, stachelspitzig | **BLÜTE:** Mai–Sep | **FRUCHT:** Kapselfrucht

#Krautschau

Der Reiherschnabel wurzelt bis zu 1,5 m tief und kann sich so auch in trockenen Pflasterritzen versorgen. Die spiralige Granne kannst du als Feuchtigkeitsmesser verwenden.

GEWÖHNLICHER REIHERSCHNABEL

Markanter Schnabel mit besonderen Fähigkeiten

Erodium cicutarium | Storchschnabelgewächs

HAUPTSACHE WARM mag es der anpassungsfähige Reiherschnabel. Er kommt mit wenig Wasser und Nährstoffen aus und erträgt Tritt. Für die Bestäubung braucht er keine Insekten, dies erledigt er selbst. Seine Samen, die wie ein Reiherschnabel aussehen, haben eine erstaunliche Eigenschaft: Bei Trockenheit rollt sich der untere Abschnitt der Granne spiralig auf. Bei Wasserberührung streckt sich die Granne wieder und bohrt sich dabei in den Boden oder auch in ein Tierfell oder bewegt sich als Bodenkriecher fort.

TYPISCH: Polsterartig flach ausgebreitete, dichte Blattrosette | **WUCHSFORM:** ein- bis zweijährig | **HÖHE:** 10–60 cm | **BLATT:** bis zum Mittelnerv gefiedert, die Fiedern nochmals geteilt | **BLÜTE:** Apr–Okt | **FRUCHT:** Achäne mit langer Granne

#KRAUTSCHAU

Wächst im Schatten und in der vollen Sonne. Gegen zu starkes Licht schützen Lichtschutzpigmente, die die Pflanze dunkelrot färben. Die Samen können bis zu 6 m weit geschleudert werden.

STINKENDER STORCHSCHNABEL

Zartes Kraut mit strengem Geruch

Geranium robertianum | Storchschnabelgewächs

GRAZILER ALLESKÖNNER Mit fast allen Standorten, an denen genug Nährstoffe vorhanden sind, kommt diese Pflanze zurecht. Sie kann sogar mithilfe der Blattstiele und Seitensprosse an Mauern emporklettern. Der Stinkende Storchschnabel oder auch Ruprechtskraut ist wahrscheinlich nach dem Heiligen Ruprecht benannt, es gibt aber auch diese Geschichte: Carl von Linné war mit seinem Freund Robert auf Exkursion und benannte die Pflanze nach ihm – weil er ähnlich gerochen haben soll.

TYPISCH: Zart wirkende, oft rot überlaufene Pflanze, meist mit drüsiger Behaarung | **WUCHSFORM:** einjährig | **HÖHE:** 20–40 cm | **BLATT:** drei- bis fünfteilig handförmig, 3–4 cm lang, 3–7,5 cm breit, können durch Blattgelenke nach dem Licht ausgerichtet werden | **BLÜTE:** Mai–Okt | **FRUCHT:** Kapselfrucht

ACKER-KRATZDISTEL

Vermehrungsfreudige, kratzige Insektenfreundin

Cirsium arvense | Korbblütengewächs

DUFTENDE BLÜTEN, REICHLICH NEKTAR Die beim Menschen oft unbeliebte Distel ist ein Insektenfreund. Zahlreiche Schmetterlingsarten, nicht nur der Distelfalter, auch viele Bienen fliegen auf sie. Die Distelbohrfliege entwickelt sich im Stängel. Der Distelkurzrüssler und der Kratzdistelrüssler, zwei schöne Rüsselkäferarten, entwickeln sich in den Blütenkörbchen. Disteln reagieren empfindlich auf Pilzkrankheiten und sie können biologisch mit einem Rostpilz abgetötet werden.

#KRAUTSCHAU

Vermehrungskünstlerin: Zerhackt man die Wurzel, entwickelt sich aus jedem winzigen Stück rasend schnell eine neue Pflanze. Schon einen Monat nach der Blüte können die vielen flugfähigen Samen keimen.

TYPISCH: Blätter, aber nicht der Stängel, stachelig; meist viele 0,5–1 cm breite Körbchen | **WUCHSFORM:** Staude | **HÖHE:** 60–120 cm | **BLATT:** wechselständig mit ungeteilten, stacheligen Blättern | **BLÜTE:** nur Röhrenblüten, Juli–Sep | **FRUCHT:** Achäne mit fedrigen Haaren

#KRAUTSCHAU

Die Pflanze wächst so schnell, dass sie pro Jahr bis zu vier Generationen hervorbringen kann. Ihre Blüten kannst du sogar im Winter in der Stadt finden, wenn es nicht zu kalt ist.

PURPURROTE TAUBNESSEL

Wertvoll für Mensch und Tier

Lamium purpureum | Lippenblütler

HÜBSCHE NAHRUNGSPFLANZE

Die rötliche Färbung der jungen Blätter ist ein guter Schutz gegen intensives Sonnenlicht. Die schon im März reichlich vorhandenen Blüten sind sehr wichtig für die im Frühling aktiven Insekten. Die Samen werden durch Ameisen verbreitet, die das ölhaltige Samenanhängsel fressen.

Aber auch für uns ist die Pflanze sehr gesund: Blätter und die hübschen Blüten sind essbar. Sie enthalten die Vitamine B und C und weitere gesunde Inhaltsstoffe. Du kannst sie im Salat essen, wie Spinat zubereiten oder in den Smoothie mixen. Auch in der Naturheilkunde wird diese Taubnessel eingesetzt.

TYPISCH: Ganze Pflanze oft rötlich bis violett überlaufen, mit vierkantigem Stängeln | **WUCHSFORM:** einjährig bis Staude | **HÖHE:** 15–45 cm | **BLATT:** gekreuzt gegenständig, gestielt, 1–5 cm lang, eiförmig bis rundlich-eiförmig sind, ungleich gekerbt oder gesägt, zerstreut behaart | **BLÜTE:** März–Okt | **FRUCHT:** Klausenfrucht

#KRAUTSCHAU
Der Persische Ehrenpreis ist das ganze Jahr lang grün und kann, anders als unsere heimischen Ehrenpreisarten, sogar im Winter blühen – wenn es nicht zu kalt ist.

PERSISCHER EHRENPREIS

Blüht sogar im Winter

Veronica persica | Wegerichgewächs

HÜBSCHER AUSREISSER Anfang des 19. Jahrhunderts büxte dieser als Zierpflanze aus Westasien eingeführte Ehrenpreis wohl aus dem Botanischen Garten in Karlsruhe aus. Seitdem ist er in Europa eine der häufigsten Ehrenpreisarten. Er mag es warm, offen, nährstoffreich, lehmig und wurzelt bis zu 20 cm tief. Er wird durch zahlreiche kleine Insekten bestäubt. Die Samen haben ein nahrhaftes Anhängsel. Ameisen bringen sie deshalb als Nahrungsvorrat in ihren Bau, wo diese keimen und wachsen.

TYPISCH: Kleine, himmelblaue Blüten mit dunkelblauen Streifen, niederliegender Wuchs, behaarte Stängel | **WUCHSFORM:** einjährig bis winterüberdauernd | **HÖHE:** 10–40 cm | **BLATT:** unten wechsel-, oben gegenständig, 1–2,5 cm lang, eiförmig, Rand grob gesägt | **BLÜTE:** Jan–Dez | **FRUCHT:** Kapselfrucht

DALMATINER GLOCKENBLUME

Polsterbildend aus Steingärten und Kübeln

Campanula portenschlagiana | Glockenblumengewächs

#KRAUTSCHAU

Diese Glockenblume verbreitet sich durch Samen, die z. T. von Tieren transportiert werden. Wenn ein Stück der Pflanze abgetrennt wird, kann es an einem anderen Ort Wurzeln schlagen und schnell ein breites Polster bilden.

ALS BIENENWEIDE ANGEPRIESENE GARTENPFLANZE aus Dalmatien, im sonnigen Süden von Kroatien, die häufig aus Steingärten oder Kübeln ausbricht. Diese Polsterpflanze kann sich an viele Gegebenheiten, sonnig oder halbschattig, trocken oder feucht, anpassen – sie blüht mehrmals im Jahr und ziert Bürgersteige und Einfahrten. Sie lockt Honigbienen und verschiedenste Wildbienen an, auch solche, die auf Glockenblumen spezialisiert sind. Bei uns im Garten bevorzugen allerdings alle Bienenarten heimische Glockenblumenarten wie die Rundblättrige Glockenblume.

TYPISCH: Pflanze mehlig grau-grün | **WUCHSFORM:** mehrjährige Staude | **HÖHE:** 8–15 cm | **BLATTSTELLUNG/FORM:** wechselständig mit rundlichen, gebuchteten Blättern | **BLÜTE:** Jun–Aug | **FRUCHT:** Kapselfrucht

GEWÖHNLICHE WEGWARTE

Liebling der Hosenbienen

Cichorium intybus | Korbblütengewächs

#KRAUTSCHAU
Entlang von Wegen und Straßen weit verbreitet mit tiefen Wurzeln und somit selten in Pflasterritzen. Als hitze- und salztolerante Pflanze kann sie in Städten hervorragend gedeihen.

FRÜHE KAFFEEPFLANZE Die Wegwarte blüht nur am Vormittag und hat spätestens am frühen Nachmittag ihre Blüten wieder geschlossen. Deshalb hat sie auch einen Platz auf Carl von Linnés Blumenuhr. Hosenbienen haben sich auf zungenblütige Korbblütengewächse spezialisiert. Kommt keine Hosenbiene oder eine andere Biene zur Bestäubung vorbei, schließen sich die Blüten etwas später und die Blumenuhr geht nach. Die Wurzeln der Wegwarte werden als koffeinfreier Kaffee „Muckefuck" seit dem 18. Jahrhundert in Deutschland genutzt. Die Wegwarte wird auch als Gemüse-„Zichorie" genutzt.

TYPISCH: Blaue, löwenzahnähnliche Blüten und Blätter, aber höherer, verzweigter Wuchs; weißer Milchsaft | **WUCHSFORM:** Staude | **HÖHE:** 30–150 cm | **BLATT:** wechselständig mit löwenzahnähnlichen kahlen Blättern oder unterseits steif behaart | **BLÜTE:** ✿ nur Zungenblüten, Juli–Okt | **FRUCHT:** Achäne

ECHTES EISENKRAUT

Alte Medizinpflanze

Verbena officinalis | Eisenkrautgewächs

BITTER UND OHNE ZITRONENGESCHMACK Als alte Heilpflanze in der Frauenheilkunde ist das Echte Eisenkraut bekannt. Es wurde als wehenförderndes Mittel eingesetzt. Das Zitronen-Eisenkraut ist ein bekanntes Küchenkraut, das stark nach Zitrone riecht und mit den ungeteilten Blättern ganz anders aussieht als das Echte Eisenkraut. Dieses schmeckt bitter und überhaupt nicht nach Zitrone und sollte nur in Maßen gegessen werden, da man sonst Durchfall davon bekommt. Es blüht sehr lange, oft bis in den Oktober, und kann spät im Jahr für Wildbienen eine wichtige Nahrungsquelle sein.

#KRAUTSCHAU
Die Samen des Echten Eisenkrauts werden durch den Wind verbreitet. Sie heften sich auch an Tiere und Schuhe und breiten sich so in ganz Deutschland rasant in den Städten und Dörfern aus.

TYPISCH: Sehr langer, dünner Blütenstand mit kleinen weiß-lila oder rosa Blüten, kantiger Stängel | **WUCHSFORM**: einjährige Staude | **HÖHE**: 30–100 cm | **BLATT**: gegenständig mit gezähnt-fiederspaltigen Blättern | **BLÜTE**: Juli–Sep | **FRUCHT**: Klausenfrucht

#KRAUTSCHAU

„Reptans“ bedeutet „kriechend“ – und dies ist auch die Erfolgsstrategie dieser Pflanze: Ihre vielen Ausläufer bewurzeln sich, wenn sie den Boden berühren, und bilden dann wieder neue Pflanzen.

KRIECHENDER GÜNSEL

Dekorativer Alleskönner

Ajuga reptans | Lippenblütler

BELIEBTER BODENDECKER Dieses einheimische Wildkraut mit den blauen Blüten wird heute nicht mehr als „Unkraut“ bekämpft, sondern als Bodendecker gezielt gepflanzt. Es dient als Pollenquelle für elf Wildbienenarten und liefert Nektar und Raupenfutter für weitere elf Schmetterlingsarten. Er ist zudem eine in der Volksmedizin vielfältig angewendete Heilpflanze: Ein Aufguss aus Günsel soll gegen Rheuma, Magengeschwüre, Angina und Durchfall helfen, äußerlich wird er bei Hautentzündungen, Hämorrhoiden und Schleimhautentzündungen verwendet. Blätter, Stängel und Blüten sind essbar. Sie schmecken ähnlich bitter wie Chicoree und eignen sich zum Würzen oder Dekorieren.

TYPISCH: Pflanze mit grundständiger, oft rötlich überlaufener Blattrosette, langen Ausläufern und leuchtend blauen, aufrechten Blütenständen | **WUCHSFORM:** Staude | **HÖHE:** 7–30 cm | **BLATT:** kreuz-gegenständig, zungen- bis spatelförmig, ganzrandig oder leicht gekerbt, zerstreut behaart | **BLÜTE:** Mai–Aug | **FRUCHT:** Klausenfrucht

#KRAUTSCHAU

Ihre Eigenschaft, gerne in Fugen zu wachsen, verhilft ihr zu ganz neuer Popularität: Gartenmagazine empfehlen sie als hübschen, immergrünen Fugenfüller für Terrasse oder Gartenwege – zur Freude der Insekten.

KLEINE BRAUNELLE

Immergrün und leuchtend blau

Prunella vulgaris | Lippenblütler

HEILSAM „Prunella“ (Braunelle) geht wohl auf den Ausdruck „Bräune“ zurück, wie die Diphtherie früher bezeichnet wurde, die mit dieser Pflanze behandelt wurde. Ihre Inhaltsstoffe wirken u. a. antibakteriell, heilungsfördernd und regenerierend. In der asiatischen Medizin wird sie z. B. gegen Fieber, Kopfschmerzen und Bluthochdruck eingesetzt. Äußerlich angewendet unterstützt sie die Heilung kleiner Wunden. Die Blätter schmecken leicht bitter und können im Salat verwendet werden, die Blüten kannst du trocknen und als Tee oder in Salben verwenden.

TYPISCH: Blütenstand aus kopfig gehäuften Blütenquirlen auf vierkantigen Stängeln, leuchtend blaue Blüten mit bräunlichen Kelchen | **WUCHSFORM:** Staude | **HÖHE:** 5–30 cm | **BLATT** gegenständig, gestielt, länglich-eiförmig, ganzrandig oder leicht gekerbt | **BLÜTE** Juni–Sep | **FRUCHT:** Kapselfrucht

#KRAUTSCHAU

Der Natternkopf kommt mit sehr trockenen, nährstoffarmen, sogar mit Schwermetall belasteten Böden zurecht, wächst in der Stadt aber eher an Wegrändern und Schuttflächen als in Pflasterritzen.

GEWÖHNLICHER NATTERNKOPF

Prachtvolle Stadtstaude

Echium vulgare | Raublattgewächs

WILDBIENEN- UND SCHMETTERLINGSLIEBLING Diese prachtvolle Staude ist ein Insektenmagnet: Sie wird von Honigbienen, Wildbienen, Hummeln, Schwebfliegen und Schmetterlingen (über 40 Arten!) besucht. Die Natternkopf-Mauerbiene (*Osmia adunca*) hat sich sogar auf diese Pflanze spezialisiert. Der Farbwechsel der Blüten von Rot nach Blau hilft den Insekten, die noch nektarreichen (roten) Blüten zu erkennen. Im ersten Jahr bilden sich nur Blattrosette und Pfahlwurzel, erst im zweiten Jahr blüht der Natternkopf, der auch Blauer oder Stolzer Heinrich genannt wird.

TYPISCH: Trichterförmige Blüten in sich entrollenden Gruppen, zunächst rosarot, dann blau; ganze Pflanze mit steifen Borstenhaaren bedeckt | **WUCHSFORM:** Staude | **HÖHE:** 25–100 cm | **BLATT:** immergrün, lineal-lanzettlich, wechselständig, bis zu 10 cm lang | **BLÜTE:** mit Farbwechsel, Mai–Sep | **FRUCHT:** Klausenfrucht

#KRAUTSCHAU

Als anspruchsloser Bodendecker mit betörendem Duft schon lange in Garten und Parks beliebt, ist es heute auch überall in den Städten zu finden. Dazu beigetragen haben Ameisen, die die Samen verbreiten.

DUFTVEILCHEN

Wohlriechende kleine Schönheit

Viola odorata | Veilchengewächs

WILLKOMMENER FRÜHLINGSBOTE Schon ab März erfreut uns diese Pflanze mit ihren hübschen, essbaren Blüten. Schon im Mittelalter wurde sie als Zier- und Heilpflanze geschätzt und aus dem Mittelmeerraum, Osteuropa und dem Kaukasus nach Mitteleuropa gebracht. Heute ist sie weit verbreitet und zu einer typischen Pflanze besiedelter Gebiete geworden. Neben ätherischen Ölen, die für Parfüms verwendet werden, enthält sie auch medizinisch wirksame Substanzen, die blutfettsenkend und antibakteriell wirken.

TYPISCH: Rosette mit herzförmigen Blättern, bildet Ausläufer mit Tochterrosetten | **WUCHSFORM:** Staude | **HÖHE:** 5–15 cm | **BLATT:** herzförmige Blätter, nur grundständig, unterseits mehr oder weniger glänzend | **BLÜTEN:** März–Apr | **FRUCHT:** Kapselfrucht

#KRAUTSCHAU
Vor allem an den Steinmauern alter Städte wirst du diese anmutige Pflanze mit ihren hellviolett-gelben Blüten im Sommer finden.

MAUER-ZIMBEL-KRAUT

Zauberhaftes Mauerblümchen

Cymbalaria muralis (L.) Mill. | Wegerichgewächs

VERSCHÖNERT ALTE MAUERN

Das Zimbelkraut kam aus dem Mittelmeerraum zu uns. Es wächst auf oder an kalkhaltigen Felsen und Mauern, vor allem, wenn größere, wasserspeichernde Ritzen und Spalten vorhanden sind. Clever: einen Teil seiner kleinen Samen verstreut es in die Umgebung, 1–2 behält es in der Kapsel zurück. Diese wächst dann vom Licht weg zurück in die Mauer, sodass die Samen dort einen sicheren Ort zum Keimen finden. Früher wurden die Vitamin-C-reichen Blätter ähnlich wie Kresse verwendet.

TYPISCH: Hellviolett bis gelbe Blüten einzeln auf langen, rötlichen Stielen, deren Schlund durch eine hellgelbe Maske verschlossen ist | **WUCHSFORM:** Staude | **HÖHE:** 10–40 cm, meist liegend oder hängend | **BLATT:** herzförmig bis rund, Unterseite rötlich, Blattränder gelappt | **BLÜTE:** Juni–Sep | **FRUCHT:** Kapselfrucht

GROSSE BRENNNESSEL

Stickstoffliebendes Superfood

Urtica dioica | Brennnesselgewächs

STICKSTOFFZEIGER Liebt Stickstoff, darum kannst du diese leicht zu erkennende Pflanze häufig an Hundepinkelecken antreffen. Wo Küchen- oder Gartenabfälle entsorgt werden, dominiert die Große Brennnessel oft die Pflanzenlebensgemeinschaft im städtisch-ländlichen Bereich. Brennnesselsamen sind echtes Superfood und enthalten u. a. Vitamin A, B, E, Kalium, Eisen und Kalzium und schmecken nussig. Sie benötigen Frost zur Keimung. In warmen Städten ohne Frost wird diese Pflanze zukünftig zum Verlierer.

#KRAUTSCHAU

Ein kräftiges Wurzelrhizom bildet Ausläufer, sodass sich die Pflanze vegetativ vermehren kann. Die Nussfrüchte sind ab September reif, fliegen mit dem Wind, schwimmen mit dem Regen oder haften im Fell von Tieren.

TYPISCH: Brennender Schmerz beim Berühren der Pflanze, kantiger Stängel | **WUCHSFORM:** mehrjährig, aufrechtes Kraut | **HÖHE:** 30–150 cm | **BLATT:** kreuzgegenständig mit gesägten, spitz zulaufenden Blättern | **BLÜTE:** 🍀 männliche Blüten waagerecht, weibliche Blüten hängend, Juli–Okt | **FRUCHT:** Nussfrucht

SCHUTT-KRESSE

Unscheinbar und unverwüstlich

Lepidium ruderale | Kreuzblütengewächs

#KRAUT-SCHAU

Die Samen, manchmal auch die ganze Pflanze, werden durch den Fahrtwind vorbeifahrender Autos oder Züge mitgerissen und entlang von Straßen und Schienen ausgebreitet.

AUS DER STEPPE IN DIE STÄDTE

Aus ihrer ursprünglichen Heimat, den trockenen, steinigen Steppengebieten Eurasiens, kam die Schutt-Kresse als Kulturfolger in Siedlungen und Städte. Inzwischen ist sie fast weltweit zu finden. Sie kommt an versiegelten Standorten bestens zurecht. Da sie sich selbst bestäubt, braucht sie keine farbigen Kronblätter („Blütenblätter"), um Insekten anzulocken. Sie riecht unangenehm nach Urin und sieht gegen Ende des Sommers wie ein filigraner vielarmiger Kerzenleuchter aus.

TYPISCH: Aufrechter, reich verzweigter Wuchs mit traubigen, reichblühenden Blütenständen mit winzigen Blüten | **WUCHSFORM:** ein- bis zweijährig | **HÖHE:** 10–30 cm | **BLATT:** Rosetten- und untere Blätter meist fiederteilig, wechselständig, gestielt, obere Blätter sitzend, ganzrandig, linealisch bis lanzettlich | **BLÜTE:** 🍀 Mai–Okt | **FRUCHT:** Schötchen

#KRAUTSCHAU

Obwohl der Spitzwegerich nicht so kräftig aussieht wie der Breitwegerich, kommt er in der Stadt sehr gut zurecht, auch dank seiner reich verzweigten, tiefreichenden Wurzel.

SPITZWEGERICH

Genügsame Heilpflanze

Plantago lanceolata | Wegerichgewächs

WIE SEIN BREITER BRUDER Sehr viele Eigenschaften – essbar, heilsam, verträgt Hitze und Trockenheit– teilt der Spitzwegerich mit seinem Verwandten, dem Breitwegerich (S. 104). Er ist aber nicht so trittresistent und wächst lieber dort, wo es etwas ruhiger zugeht. Dank seiner antibakteriellen und blutstillenden Wirkstoffe wurde er 2014 zur „Arzneipflanze des Jahres“ gewählt. Man kann den Saft aus einem zerdrückten Blatt z. B. bei kleinen Wunden oder Insektenstichen direkt auf die entsprechende Stelle geben.

TYPISCH: Eiförmig-walzliche Blütenstände mit langen weiß-gelben Staubblättern auf blattlosen, gefurchten Stängeln | **WUCHSFORM:** Staude | **HÖHE:** 10–50 cm | **BLATT:** Grundrosette, schmal-lanzettlich, 10–20 cm lang, bis 2 cm breit | **BLÜTE:** Mai–Sep | **FRUCHT:** mehrsamige Kapsel

BREITWEGERICH

Begegnet uns auf Schritt und Tritt

Plantago major | Wegerichgewächs

BEHERRSCHER DES WEGES Dies bedeutet sein Name tatsächlich. Er ist enorm zäh und anpassungsfähig: An guten Standorten bildet er handgroße, löffelförmige Blätter und fast kniehohe Blüten, auf verdichteten Böden oder in engen Pflasterritzen werden seine Blattrosetten nur wenige Zentimeter groß. Er beschwert sich nicht, kommt mit Tritt, Salz und Trockenheit äußerst gut zurecht und versorgt sich mit seinen bis 80 cm tief reichenden Wurzeln – der perfekte Stadtbewohner! Europäische Siedler brachten ihn dereinst nach Nordamerika, wo er von der indigenen Bevölkerung seitdem „Fußstapfen des weißen Mannes“ genannt wird. Er ist heute auf der ganzen Welt zu finden.

TYPISCH: Löffelförmige Blätter mit auffälligen, parallelen Nerven, dünne, gelbgrün-braune, einer Ähre ähnelnde Blütenstände | **WUCHSFORM:** Staude | **HÖHE:** 5–40 cm | **BLATT:** Rosette am Boden, über 10 cm lang, auf langen Stielen | **BLÜTE:** 🍀 Juni–Okt | **FRUCHT:** mehrsamige Kapsel

HEILSAM ... Der Breitwegerich wird in der Volksmedizin schon lange und für viele Zwecke verwendet. Er enthält u.a. zahlreiche wirksame Schleim-, Bitter- und Gerbstoffe. Z.B. wirkt Saft oder Brei aus den Blättern entzündungshemmend und unterstützt die Wundheilung. Weitere Heilwirkungen, z.B. gegen Viren und Geschwüre, werden momentan noch erforscht. Der Wegerich gilt als Freund und Beschützer der Wanderer – und hilft sogar gegen Blasen: Die frischen Blätter kannst du als Einlage in die Schuhe legen, dort verhindern oder lindern sie die Bildung von Blasen.

... UND ESSBAR Breitwegerich ist reich an wertvollen Vitaminen und Mineralstoffen. Die jungen, weichen Blätter werden roh im Salat gegessen, wie Spinat zubereitet, als Gemüse verzehrt oder auch Suppen beigegeben. Man kann daraus sogar eine Art Sauerkraut herstellen. Die kleinen Samen enthalten viel Eiweiß und können z.B. ins Müsli gemischt oder zu einem gesunden Mehlersatz vermahlen werden. Getrocknet lassen sie sich gut aufbewahren. Du kannst auch die jungen Blütenstiele sammeln und sie wie Spargel zubereiten – sie schmecken ähnlich wie Champignons. Die langen Pfahlwurzeln ergeben ein Wurzelgemüse mit intensivem Aroma.

Selbst in der kleinsten Ritze mitten auf der Fahrbahn findet der Breitwegerich einen Platz zum Wachsen.

NICHT VERWECHSELN Der Breitwegerich ähnelt dem Mittleren Wegerich, dessen fluffige, leicht duftende Blüte aber hübsch zartrosa ist; seine Blätter sind leicht haarig und liegen am Boden an. Seine sonstigen Eigenschaften und Verwendungen sind aber sehr ähnlich.

#KRAUTSCHAU

Wenn sie feucht werden, quellen die Schalen der reifen Samen auf und werden klebrig-schleimig. So haften sie an Tierpfoten, Schuhen, Rädern und Reifen – und wurden auf diese Weise auf der ganzen Welt verbreitet.

GARTEN-WOLFSMILCH

Zarter Kosmopolit

Euphorbia peplus | Wolfsmilchgewächs

GIFTIGE MILCH Der weiße Saft, der austritt, wenn man die Pflanze verletzt, ist giftig und kann zu Hautreizungen führen. Die Blüten bestehen nur aus den Fortpflanzungsorganen, die von gelb-grünen Hochblättern umgeben sind. Das Gesamtgebilde wird Scheinblüte genannt. Die Nektardrüsen bieten den Nektar offen als funkelnden Tropfen an – sehr einladend für Insekten, die ihn einfach auflecken können. Die Samenkapseln springen bei Reife explosionsartig auf und schleudern die Samen in die Umgebung.

#Krautschau

Ursprünglich in Europa und Nordafrika beheimatet, ist die Garten-Wolfsmilch heute fast weltweit als Neophyt zu finden. Ihre große Anpassungsfähigkeit hilft ihr dabei und hat sie in die Städte gebracht.

TYPISCH: Gelb-grüne Scheinblüten mit vier ovalen, gelben Drüsen | **WUCHSFORM:** einjährig | **HÖHE:** 10–30 cm | **BLATT:** rundlich bis verkehrt eiförmig mit stumpfem oberen Ende, ganzrandig, 0,5–2 cm | **BLÜTE:** 🍀 Juli–Okt | **FRUCHT:** Kapselfrucht

EINJÄHRIGES BINGELKRAUT

Pinkelkraut und Pollenschleuder

Mercurialis annua | Wolfsmilchgewächs

#KRAUTSCHAU

Ursprünglich aus Südeuropa stammend, mag die Pflanze warme, nährstoffreiche Standorte, wo sie bis 50 cm tief wurzelt. Sie ist perfekt für die Stadt geeignet und kann ihre Samen bis zu 4 m weit schleudern.

MÄNNLEIN UND WEIBLEIN GETRENNT Männliche und weibliche Blüten finden sich meist auf verschiedenen Pflanzen – man nennt das Zweihäusigkeit. Bingelkraut ist eine alte Heilpflanze und gilt als harntreibend („Pinkelkraut"), abführend und wirksam bei Frauenleiden. Der wissenschaftliche Gattungsname „*Mercurialis*" geht auf Merkur zurück, den römischen Götterboten, der der Sage nach die Heilkräfte der Pflanze entdeckt haben soll. Eine einzige Pflanze kann über eine Milliarde Pollenkörner ausbilden.

TYPISCH: Gegenständig verzweigte Pflanze mit langen, grünlichen Blütenähren | **WUCHSFORM:** Staude | **HÖHE:** 20–50 cm | **BLATT:** gegenständig, kahl, schmal-eiförmig bis lanzettlich und am Rande stumpf gesägt, 3–10 cm lang | **BLÜTE:** 🍀 Mai–Okt | **FRUCHT:** Kapsel mit einsamigen Teilfrüchten

WEISSER GÄNSEFUSS

Füttert Schmetterlinge, überträgt Viren

Chenopodium album | Fuchsschwanzgewächs

VERBREITETES BEIKRAUT In landwirtschaftlichen Hackkulturen, Gemüsegärten und auch häufig im urbanen Raum kannst du diese Pflanze als Pionier an Schuttplätzen, Baustellen und Wegen finden. In unserer Kindheit mussten wir sie über Wochen zwischen Hackfrüchten wie Rüben und Kartoffeln aus dem Boden ziehen. Der Gänsefuß erträgt kein Salz und trocknet bei Kontakt mit Kochsalz aus.

ALTE NUTZPFLANZE Schon in der Jungsteinzeit wurden die Samen zur Mehlgewinnung genutzt. Die Blätter werden noch heute wie Spinat zubereitet oder als Zusatz in Smoothies und Salaten verwendet, weil sie viele Vitamine und Mineralstoffe

TYPISCH: Pflanze mehlig grau-grün | **WUCHSFORM:** einjährig | **HÖHE:** 20–150 cm | **BLATT:** wechselständig mit oval-lanzettlichen oder rhombischen Blättern | **BLÜTE:** Juli–Okt | **FRUCHT:** einsamige Nussfrucht

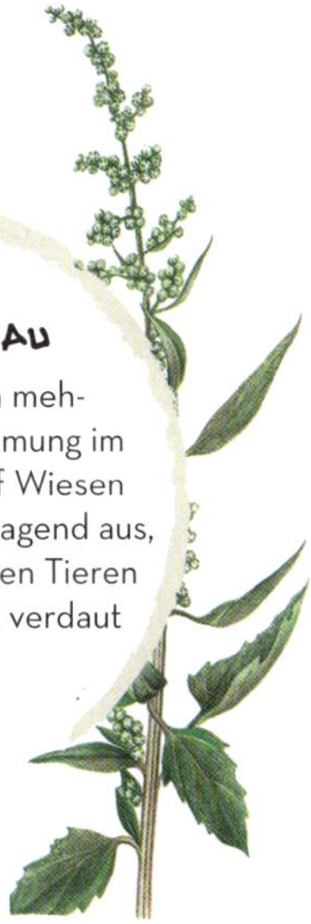

#Krautschau

Die Samen können mehrere Jahre bis zur Keimung im Boden ausharren. Auf Wiesen breiten sie sich hervorragend aus, weil sie von den meisten Tieren gefressen, aber nicht verdaut werden.

enthalten. Passt aber auf – die auch „Melde“ genannte Pflanze enthält Oxalsäuren und sollte daher nicht in zu großen Mengen gegessen werden.

SCHÄDLINGSWIRT Der Weiße Gänsefuß ist der Wirt verschiedener Schädlinge wie der Schwarzen Bohnenlaus und verschiedenster Pflanzenviren. Er bietet weltweit aber auch vielen Schmetterlingsraupen wie z. B. von Dickkopffaltern Nahrung. In der wissenschaftlichen Literatur haben wir über 70 Arten gefunden, die sich von dieser Pflanzenart ernähren. Für blütenbesuchende Insekten ist der Gänsefuß jedoch nicht attraktiv. Er ist an die Bestäubung durch den Wind angepasst und produziert daher keinen Nektar.

Die unscheinbaren Blüten des Gänsefußes werden vom Wind bestäubt.

Der Gänsefuß ist Futterpfanze für Raupen von über 70 Schmetterlingsarten.

#KRAUTSCHAU
Weil es so genügsam und robust ist, wird das Bruchkraut heute als „Bodendecker der neuen Generation“ vermarktet und als Rasenersatz für trockene, sonnige Standorte eingesetzt.

KAHLES BRUCHKRAUT

Robuster Rasenersatz

Herniaria glabra | Nelkengewächs

MULTIPLE PERSÖNLICHKEIT
Wohl kaum eine andere Art in diesem Buch hat mehr deutsche Namen: Christenschweiß, Dürrkraut, Glattes Tausendkraut, Harnkraut, Jungfernkraut, Kuckucksseife, Nierenkraut, Tausendkorn oder Passionsblümchen. Einige davon beziehen sich auf die ihr zugeschriebenen Eigenschaften, andere kann man sich nur schwer erklären – hast du Ideen? Die trittfeste Art schmiegt sich in der Stadt gerne in die vom Menschen geschaffenen Gehwegritzen und Pflasterfugen.

TYPISCH: Vital-üppige, gelbgrüne, liegende, stark verzweigte Pflanze mit winzigen Blütenknäueln | **WUCHSFORM:** einjährig bis Staude | **HÖHE:** 5–30 cm | **BLATT:** fleischig, ganzrandig, oval bis länglich, bis 7 mm | **BLÜTE:** Juni–Okt | **FRUCHT:** Nüsschen

#KRAUTSCHAU
Eine Ambrosie produziert viele tausend winzige Samen pro Jahr. Sie bleiben am Blütenboden und heften sich mit Haken der Hüllblätter an Tiere, die sie so verbreiten.

BEIFUSS-AMBROSIE

Neophyt mit allergieauslösendem Pollen

Ambrosia artemisiifolia | Korbblütengewächs

BRINGT DICH ZUM NIESEN Sowohl der Gewöhnliche Beifuß (S. 80) als auch die Ambrosie sind starke Allergene und damit im urbanen Raum unerwünscht. Die Ambrosie beinhaltet viele Bitterstoffe und kann starke Vergiftungen verursachen, die von Bauchschmerzen und Erbrechen bis zu Nierenschäden reichen. Auch starke Konzentrationsbeschwerden bis Störungen des Zentralnervensystems sind bekannt. Dies wird vor allem auf den Inhaltsstoff Thujon zurückgeführt, der auch Mücken vertreibt.

TYPISCH: Blätter unterseits silbergrau und filzig behaart | **WUCHSFORM:** einjährig | **HÖHE:** 50–150 cm | **BLATT:** unten gegenständig, oben wechselständig, doppelt fiederspaltig | **BLÜTE:** in männlichen und weiblichen Blütenkörben, Blütenstand traubenartig, Juli–Okt | **FRUCHT:** Achäne, bleibt am Körbchenboden

GEWÖHNLICHER EFEU

Will hoch hinaus

Hedera helix L. | Araliengewächs

ARZNEIPFLANZE MIT GIFTIGEN BEEREN Schon in der Antike wurden Efeublätter als Schmerzmittel verwendet, heute werden sie häufig bei Atemwegsinfektionen eingesetzt. So wurde Efeu sogar Arzneipflanze des Jahres 2010. Der Saft der Beeren und die frischen Blätter können allerdings auf der Haut allergische Reaktionen auslösen oder bei Verzehr Übelkeit, Durchfall und Erbrechen verursachen.

SYMBOLISCHE BEDEUTUNG hatte Efeu schon immer. Seine immergrünen Blätter symbolisieren Treue, Zuverlässigkeit und ewiges Leben. Efeu hat außerdem eine symbolische Verbindung zu den Gottheiten des Alten Ägypten und Griechenlands, und in so manchen Weinbaugebieten wird von der Frucht des Efeus im Frühjahr auf die Weinernte geschlossen.

TYPISCH: Immergrün mit Haftwurzeln, doldig-kugeliger Blütenstand | **WUCHSFORM:** Klettergehölz | **HÖHE:** 0,5–20m | **BLATTSTELLUNG/FORM:** wechselständig, drei- bis fünflappige Blätter der nicht blühenden Triebe und eiförmig bis rhombisch der blühenden | **BLÜTE:** Sep–Nov | **FRUCHT:** blaue Beeren in einem doldig-kugeligen Fruchtstand angeordnet

BESONDERE FUTTERQUELLE

Der bis zu 250 Jahre alt werdende einheimische Fassadenkletterer bietet durch seine späte Blütezeit Futter für Wild- und Honigbienen, Wespen, Fliegen, Schmetterlinge und Käfer. Sogar eine eigene Bienenart, die Efeu-Seidenbiene (*Colletes hederae*) mit einem besonderen Faible für Efeupollen, kann er vorweisen. Damit nicht genug, denn auch seine Beeren werden zu einer unüblichen Zeit reif, nämlich zwischen Januar und April, und liefern vielen Vögeln eine saftige Mahlzeit mitten im Winter. Oft beobachten wir Amseln, Stare und Rotkehlchen an den Efeufrüchten.

NATÜRLICHE WÄRMEDÄMMUNG

kann der Efeubewuchs den Gebäuden geben. Mauern und Zäunen gibt der Efeu Leben, indem er in einer Mauer-Efeu-Symbiose Insekten und Vögeln Nahrung und Nistplätze bietet und die Mauer oder den Zaun gleichzeitig vor Verwitterung schützt. Außerdem hat er eine isolierende Wirkung v. a. gegen Sommerhitze. Mit seinen Haftwurzeln schreckt er vor keiner Mauer oder Fassade zurück und klettert empor, wo es nur geht.

Der Efeu und „seine“ Biene, die Efeu-Seidenbiene.

Nahrung, Nistplätze, Versteckmöglichkeiten, Lebensraum und natürliche Fassadendämmung – der Efeu ist ein Alleskönner!

#KRAUT-SCHAU

Als ausdauernde Pflanze kriecht Efeu am Boden und überwuchert jede nicht betonierte Ecke oder streckt seine Haftwurzeln aus und klettert an Bäumen und Fassaden empor.

GÖTTERBAUM

Der Baum, der zum Himmel reicht

Ailanthus altissima | Bittereschengewächs

#KRAUTSCHAU

Diese invasive Art verträgt Salz, aber auch Trockenheit und kommt gut mit Stress durch Pestizide oder Abgase zurecht. Dabei braucht er viel Licht – ideal, um sich in der Stadt schnell auszubreiten.

SCHIESST IN DIE HÖHE Der Götterbaum gilt als das am schnellsten wachsende Gehölz in Europa. Nach der Keimung können die Keimlinge noch im gleichen Jahr 1 m, auf tieffrischen und nährstoffreichen Böden sogar bis 3 m in die Höhe wachsen. In seiner ursprünglichen Heimat China sieht man den Baum häufig, und in Plantagen dienen seine Blätter als Futter für den Seide produzierenden Götterbaumspinner. Der Götterbaum kam über Paris und Wien nach Berlin, heute finden wir ihn verwildert in vielen Städten.

TYPISCH: Blüten riechen stark und unangenehm und werden durch Honigbienen, Käfer und Fliegen bestäubt | **WUCHSFORM:** (Baum-Symbol) | **HÖHE:** 0,5–25 m | **BLATT:** wechselständig, unpaarig gefiedert mit spitzeren und teilweise gelappten Fiederblättchen | **BLÜTE:** zweihäusig, grünliche Blüten in Rispen, Juli | **FRUCHT:** geflügelte Nussfrucht

VOGELKIRSCHE

Pionier in Stadt und Land

Prunus avium | Rosengewächs

#KRAUTSCHAU

Kirschen sind nicht nur beim Menschen beliebt. Vor allem Stare verzehren die Früchte und scheiden die Kerne unverdaut wieder aus. So wird die Vogelkirsche in der Stadt und auf dem Land verbreitet.

IMKERFREUND Die Vogelkirsche besiedelt als Pionierpflanze nährstoffreiche Lebensräume und verdrängt gerne andere gerade neu aufwachsende Pflänzchen. Mit einer frühen, reichhaltigen Blüte voll Nektar und Pollen ist die Vogelkirsche für Honig- und Wildbienen eine nahrhafte Energie- und Eiweißquelle und wird daher von Imkern, aber auch im Naturschutz sehr geschätzt. Auch Ameisen freuen sich über süßen Zuckersaft, der von Nektarien ausgeschieden wird.

TYPISCH: Die weißen Blüten erscheinen vor den Blättern | **WUCHSFORM:** (Baum-Symbol) | **HÖHE:** 0,5–25 m | **BLATT:** wechselständig, gesägte, länglich-oval zugespitzte Blätter mit zwei roten Punkten (extraflorale Nektarien) oben am Blattstiel | **BLÜTE:** Apr–Mai | **FRUCHT:** Steinfrucht

BERGAHORN

Insektentummelplatz

Acer pseudoplatanus | Seifenbaumgewächs

#KRAUTSCHAU
Über mehrere Kilometer werden die Propellersamen der Ahornarten an stürmischen Tagen transportiert. Der Bergahorn mag Sonne und siedelt sich dank dieser Eigenschaft häufig in der Stadt an.

LEBENSRAUM FÜR ZAHLREICHE INSEKTEN Seine Keimlinge und junge Pflanzen stehen an Mauern und Wegrändern, doch fehlt ihnen oft der Platz, um ein blühender Baum zu werden. Die Blätter geben Pilzen, Käfern, Wildbienen, Wespen, Milben und Motten Lebensraum und Nahrung im städtischen Umfeld. Wunderbar, wenn das Ahornpflänzchen blühen darf, denn seine große Nektarmenge liefert Honigbienen, Mauerbienen, Furchenbienen, Sandbienen und der einen oder anderen Hummel wertvolle Kohlenhydrate.

TYPISCH: Hat keinen Milchsaft, Frucht kreiselt beim Fliegen spiralförmig | **WUCHSFORM:** 🌳 | **HÖHE:** 0,5–25 m | **BLATT:** gegenständig, fünflappig, mit unregelmäßig grob gesägtem Blattrand | **BLÜTE:** Mai | **FRUCHT:** Spaltfrucht mit zwei Flügelnüssen an einer hängenden Traube

WALNUSS

Nussbaum für intelligente Vögel

Junglans regia | Walnussgewächs

#KRAUTSCHAU

Clevere Vögel sammeln einzelne Nüsse, fliegen damit zu einer Ampel, lassen die Nuss auf die Straße fallen, wo diese aufbricht, und warten auf „Rot". Kommen die Autos zum Stehen, picken sie den Nusskern auf.

GEWINNER DES KLIMAWANDELS

Die Walnuss stammt aus Mittelasien, wurde von den Römern nördlich der Alpen angesiedelt und breitete sich von dort nach Deutschland aus. Keimlinge vertragen keinen Frost, aber durch mildere Winter finden wir vermehrt wilde Jungbäume in immer mehr deutschen Städten. Aus Naturschutzsicht ist die Walnuss sehr wertvoll, weshalb sie 2008 sogar zum Baum des Jahres gewählt wurde. In Deutschland geht sie trotzdem zurück, da sie seltener angepflanzt wird als früher.

TYPISCH: Aromatischer Duft beim Zerreiben der Blätter; windbestäubt | **WUCHSFORM:** [Baum-Symbol] | **HÖHE:** 0,5–30 m | **BLATT:** wechselständig, unpaarig gefiedert mit kleinen Bärten in den Achseln der Blattunterseite | **BLÜTE:** einhäusig: männliche Blüten in hängenden frühen Kätzchen; weibliche Blütenstände mit wenigen, späteren grünen Blüten, Apr–Juni | **FRUCHT:** Steinfrucht

#KRAUTSCHAU

Jungfernreben klettern mit Haftscheiben, halten sich nur oberflächlich fest und lassen sich schnell entfernen. Wenn sie im Herbst entfernt werden, wachsen sie über den Sommer wieder ganze Häuser hoch.

DREISPITZIGE JUNGFERNREBE

Farbenfroher Fassadenbegrüner

Parthenocissus tricuspidata | Weinrebengewächs

GIFTIGER KLIMAVERBESSERER
Die Jungfernrebe wird auch Wilder Wein genannt und ist eine beliebte Fassaden- und Mauerkletterpflanze aus China, Japan und Korea. Sie bedeckt schnell große Betonflächen und verbessert so das Stadtklima.

Die Jungfernrebe trägt für Vögel schmackhafte Beeren, die für Menschen jedoch giftig sind. Sie kann sich vegetativ, also ohne Bestäubung, ausbreiten. Bei Arten mit fünffingerigen Blättern handelt es sich um die Selbstkletternde Jungfernrebe *P. quinquefolia.*

TYPISCH: Im Frühjahr grüne und im Spätsommer/Herbst rote Blätter | **WUCHSFORM:** Klettergehölz | **HÖHE:** 0,5–20 m | **BLATT:** wechselständig mit dreilappigen, grob gesägten Blättern | **BLÜTE:** kleine, unscheinbare, grün-gelbliche Blüten in Schirmrispen, Juni–Aug | **FRUCHT:** blauschwarze Beerenfrucht

#KRAUTSCHAU

Aus Südosteuropa stammend, findet man sie heute weltweit häufig in den Pflasterritzen. Sie wurzelt bis zu 35 cm tief und ihre winzigen Samen werden immer mal wieder durch Ameisen verbreitet.

BLUTROTE FINGERHIRSE

Zähes kleines Getreide

Digitaria sanguinalis | Süßgras

FRÜHER NAHRUNG, HEUTE UNGRAS Heute meist mit Füßen getreten, wurde sie früher weiträumig als Getreide angebaut und aus ihren Körnern bis ins 19. Jahrhundert nahrhafte Grütze gekocht. In den USA wird sie heute noch als Futtergras kultiviert. Bei uns gilt sie in der Landwirtschaft als unerwünschtes Beikraut. Rasenfans tauschen sich ausführlich darüber aus, wie man sie am besten vertilgt. Sie schätzt trockene, nährstoffreiche Böden an warmen Standorten und gilt als Gewinnerin des Klimawandels.

TYPISCH: Häufig blutrote Färbung der oberirdischen Pflanzenteile, niederliegend-flache Rosette, in Knicken aufsteigende Halme | **WUCHSFORM:** einjährig | **HÖHE:** 10–60 cm | **BLATT:** flach, 3–10 cm lang, bis 8 mm breit, oberes Ende zugespitzt | **BLÜTE:** Aug–Okt | **FRUCHT:** Karyopsen, bis zu 4 mm lang

GRÜNE BORSTENHIRSE

Hirse in „Walzenform“

Setaria viridis | Süßgras

STAMMFORM DER KOLBENHIRSE, die hauptsächlich in Asien noch landwirtschaftlich angebaut wird. Bei uns gilt sie als „Problemgras“ im Maisanbau. Von Vögeln wird sie gerne gefressen und verbreitet. Sie braucht mindestens 15 °C, um zu keimen, und liebt stickstoffreiche Böden in warmen Lagen. Wie viele andere Gräser ist die Borstenhirse eine C4-Pflanze mit einem veränderten Fotosynthese-Stoffwechselweg, wodurch sie mit Trockenheit und hohen Temperaturen deutlich besser zurechtkommen.

#KRAUTSCHAU

Probiere mal das: Nimm eine Ähre umgekehrt in die hohle Faust und drücke locker und rhythmisch zu. Nun kriecht die Ähre wie eine grünpelzige Raupe aus deiner Hand nach oben.

TYPISCH: 2–10 cm langer, dichter, ährenartiger Blütenstand mit auffälligen Borsten, lockere Horste mit geknickt aufsteigenden Halmen | **WUCHSFORM:** einjährig | **HÖHE:** 15–50 cm | **BLATT:** grüne Blätter mit hellem oder violettem Mittelnerv, kahl, mit einem Haarkranz an der Basis | **BLÜTE:** Juli–Okt | **FRUCHT:** Karyopsen

KLEINES LIEBESGRAS

Unkraut der Liebe

Eragrostis minor | Süßgras

#KRAUT-SCHAU

Zusammen mit Einjährigem Rispengras (S. 124), Vogel-Knöterich (S. 36) oder auch Breitwegerich (S. 104) ist das Kleine Liebesgras ein häufiger Vertreter der robusten Trittpflanzengesellschaft.

EINES VON 400 LIEBESGRÄSERN Liebesgras ist eine direkte Übersetzung des Gattungsnamens (zusammengesetzt aus dem griechischen Wort *eros* für Liebe und dem mittelalterlichen Wort *agrostis* für Bei- oder Unkraut). Also eigentlich ein Liebesunkraut. Als Neophyt aus Asien und dem mediterranen Raum hat sich das kleine Liebesgras schnell in den europäischen Städten ausgebreitet. Das „Little Lovegras" ist oft rötlich als Farbton der Liebe.

TYPISCH: Rispiger Blütenstand mit spiralig angeordneten, gestielten Ährchen ohne Grannen, mit Drüsen an Blatt- und Spelzenrändern | **WUCHSFORM:** einjährig in Büschel | **HÖHE:** 5–30 cm | **BLATT:** wechselständig, Blatthäutchen als Haarkranz | **BLÜTE:** Juni–Sep | **FRUCHT:** Karyopse mit länglichem Korn

#KRAUT-SCHAU

Widerhaken an den Grannen bringen die Samen der Mäusegerste über das Fell von Hunden und Katzen, aber auch Eichhörnchen und anderen Tieren von einer Baumscheibe zur nächsten.

MÄUSEGERSTE

Ärgert Hunde und Katzen

Hordeum murinum | Süßgras

GERSTE FÜR MÄUSE Dieses wilde Getreide in Dörfern und Städten ist eigentlich recht schmackhaft. Wir großen Säuger haben aber zu wenig Geduld, um die winzigen Körner zu sammeln – Mäuse vielleicht schon eher. Die Grannen haben Widerhaken und reizen und verletzen die Schleimhäute. Hunde- und Katzenbesitzer in Österreich kennen das Gras als Schliafhansl. Die Widerhaken wandern – schliafen – in die Ohren, Nasen und Augen der Tiere und können auch unter der Haut schwere Entzündungen verursachen.

TYPISCH: Sieht der echten Gerste mit den langen Grannen sehr ähnlich, ist nur wesentlich kleiner | **WUCHSFORM:** ein- bis überjährige, Halbrosettenpflanze **HÖHE:** 10–40 cm | **BLATT:** wechselständig, einfach-lanzettlich, Blattscheide mit Öhrchen | **BLÜTE:** Mai–Okt | **FRUCHT:** Karyopse

#KRAUTSCHAU
Beliebtes Futter- und Rasengras. Wenn du es in der Stadt findet, ist es meist einem Gartenbesitzer entfleucht. Dieses Gras vermehrt sich gerne und schnell mit Ausläufern.

DEUTSCHES WEIDELGRAS

Ganz schön ausdauernd

Lolium perenne | Süßgras

GRÜNER ALLESKÖNNER Der Namensteil „*perenne*" bedeutet „ewig": Dieses Gras wächst sehr schnell, verträgt Tritt und häufigen Schnitt und ist deshalb wichtiger Bestandteil aller Zier- und Nutzrasenflächen. Gleichzeitig ist die Art ein sehr gutes und ergiebiges Futtergras auch für Weiden. Aufgrund dieser Eigenschaften wurde es von Europa ausgehend auf der ganzen Welt verbreitet. Das Weidelgras liebt gut gedüngte Böden und kommt in der Natur hauptsächlich auf nährstoffreichen Wiesen vor.

TYPISCH: Bis 20 mm lange, flache Ährchen, die mit der Schmalseite am Halm anliegen | **WUCHSFORM:** mehrjährig | **HÖHE:** 20–70 cm | **BLATT:** dunkel grünglänzende Blätter, 2–4 mm breit und bis 20 cm lang | **BLÜTE:** Mai–Okt | **FRUCHT:** Karyopsen

#KRAUTSCHAU
Dieses kleinwüchsige Gras kann sogar im Winter blühen und fruchten und sich in kalten und warmen Jahreszeiten über unser Schuhwerk in der nächsten Ritze einquartieren.

EINJÄHRIGES RISPENGRAS

Robust und unbeliebt

Poa annua | Süßgras

CHARAKTERGRAS der Trittrasengesellschaft: Es wächst weltweit von den Tropen bis zur Antarktis in Fugen und Pflasterritzen, in Gärten und auf Äckern. Als stickstoffliebende Art finden wir das einjährige Rispengras an Stellen, die regelmäßig von Hunden und anderen Lebewesen zum Urinieren genutzt werden. In Gärten ist dieser Flachwurzler unbeliebt, er wird zu schnell gelb und ist auch noch anfällig für eine Pilzkrankheit wie den Schneeschimmel.

TYPISCH: Kleines Gras mit Rispen zu jeder Jahreszeit | **WUCHSFORM:** einjährig in Horsten | **HÖHE:** 2–30 cm | **BLATT:** wechselständig, linealisch, kahnförmige Spitze, Blatthäutchen 2–4 mm | **BLÜTE:** Mai–Dez | **FRUCHT:** Korn mit steifhaarigen Spelzen

ZARTE BINSE

Zähe Weltenbummlerin

Juncus tenuis | Binsengewächs

#KRAUTSCHAU

Benetze eine reife Fruchtkapsel einer Binse mit Wasser: Nach einigen Minuten treten die aufgequollenen Samen froschlaichartig aus. Sie können auch nach langer Zeit noch keimen.

ÜBERRASCHEND HÄUFIG findet man diese Art, bei der man eher an Gewässerstandorte denkt, auf Gehwegen, an Straßenrändern und in Pflasterlöchern. Sie ist sehr anspruchslos, gedeiht in voller Sonne, unter trockenen oder feuchten Bedingungen. Sie kann auch als Pionierpflanze nackte, verdichtete Böden besiedeln. Ursprünglich stammt sie aus Nordamerika, hat sich seit dem 19. Jahrhundert in Europa ausgebreitet und ist heute weltweit zu finden. Aus ihren Fasern wurden früher Schnüre hergestellt.

TYPISCH: Kleine gelbgrüne bis braunrote Horste mit endständigen Blütenständen (kompakte Spirre) | **WUCHSFORM:** ausdauernd | **HÖHE:** 15–50 cm | **BLATT:** Blütenstängel tragen unten ein bis zwei grasartige Blätter | **BLÜTE** Juni–Sep | **FRUCHT:** Kapselfrucht

#KRAUTSCHAU
Als Königin der Trockenresistenz wächst es überall da, wo es den meisten Pflanzen zu trocken wird. Dabei bekommen die Blätter einen silbrigen Schimmer. Warum? Die Blattspitzen enthalten kein Chlorophyll.

SILBERMOOS

Fensterkraut

Bryum argenteum | Birnmoosgewächs

HÄUFIGSTES MOOS IN INNENSTÄDTEN, bei uns sitzt es sogar in den Ritzen der Dachfensterrahmen. Fast überall mitten im Inneren von Großstädten, wo sonst kein Kraut mehr wächst, kannst du das Silbermoos finden. Seine perfekte Anpassung an Trockenheit – die äußeren Zellen sterben ab und bilden eine schützende Schicht um den Rest des Gewebes –, an hohe Stickstoffeinträge und an Luftverunreinigungen bringt diese Art weltweit in die Pflasterfugen.

TYPISCH: Silbrig glänzend mit birnenförmigen, hängenden Kapseln| | **WUCHSFORM:** Polstermoos | **HÖHE:** 0,2–2 cm | **BLATT:** spiralig-schuppig, einfach mit Spitze | **FRUCHT:** hängende dunkle bis braunrote Kapsel

#KRAUTSCHAU

An diesem anspruchslosen Moos bleibt gerne Feinmaterial (Staub, Erde, Sand etc.) hängen. So kommt es nach und nach zur Bodenbildung und zur Ansiedlung von blühenden Pflanzen in der Stadt.

POLSTER-KISSENMOOS

Im grauen Mantel

Grimmia pulvinata | Kissenmoosgewächs

HALBKUGELIGE POLSTERCHEN, die auf keinem Dach und keiner Mauer fehlen. Die graue Färbung, die wie ein Mantel das Moos umhüllt, wird durch Glashaare hervorgerufen, die an der Spitze jedes Blättchens sitzen. Sie sind eine Anpassung an Trockenheit und Hitze. Das Moos ist salzempfindlich und gedeiht auch ohne Nährstoffe. Wie alle Moose speichert es Wasser und gibt es bei Trockenheit nur langsam ab. Daher sind Moospolster wichtig für das Stadtklima als Regulatoren des Wasserhaushalts.

TYPISCH: Halbkugeliges bis kugeliges Polster | **WUCHSFORM:** Polstermoos | **HÖHE:** 0,5–3 cm | **BLATT:** spiralig-längliche Blätter mit grauer Spitze | **FRUCHT:** Hängende Kapsel, die sich in das Moospolster neigt und später aufrichtet

BRAUNSTIELIGER STREIFENFARN

Führt gern ein Schattendasein

Asplenium trichomanes | Streifenfarngewächs

#KRAUTSCHAU

Als Trockenmauergast zeigt der Streifenfarn, wie anspruchslos und anpassungsfähig ein Farn sein kann, der es eigentlich lieber feucht mag – und wie hübsch!

MAG FEUCHTE ECKEN Der Braunstielige Streifenfarn ist ein Meister der feuchten und schattigen urbanen Fugen. Du findest ihn gerne in der Nähe von Brunnen, Bächen und anderen Wasserquellen in Dörfern und Städten. Er mag aber auch schattige Einfahrten und wächst dort manchmal zusammen mit Lebermoosen wie dem Brunnenlebermoos.

TYPISCH: Brauner Blattstiel, immergrün | **WUCHSFORM:** Horste | **HÖHE:** 5–25 cm | **BLATT:** einfach gefiederte Wedel aus vielen rundlichen, gesägten Blättchen | **FRUCHT:** Sporenkapsel an gesamter Blattunterseite, Juli–Aug

#KRAUTSCHAU

Mit einem verdickten Rhizom speichert die Mauerraute Wasser. Damit hat sie sich an die Trockenheit in Mauerspalten angepasst. Gelegentlich kommt sie auch in Pflasterfugen vor.

MAUERRAUTE

Futter für Raupe Nimmersatt

Aspenium ruta-muraria | Streifenfarngewächs

ALS CHARAKTERART der sogenannten Mauerrautenflur – einer Pflanzengesellschaft, die sich auf Mauerritzen und Mörtelfugen spezialisiert hat – finden wir diesen Farn oft an alten Gemäuern. Ursprünglich kommt er in Felsritzen im Gebirge vor. Braune Raupen, die s-förmig – wie die Raupe Nimmersatt – über die Blätter kriechen, gibt es immer mal wieder auf diesem Farn zu sehen. Es sind die hungrigen Larven des Hellgebänderten Steinspanners. Diese Raupen lieben die Fiedern der Mauerraute.

TYPISCH: Rautenförmige Fiedern, immergrün | **WUCHSFORM:** Horste | **HÖHE:** 10–40 cm | **BLATT:** zwei- bis dreifach gefiederte Wedel mit unregelmäßig dreieckig bis ovalen Blättchen | **FRUCHT:** Sporenkapsel an gesamter Blattunterseite, Juli–Okt

#KRAUTSCHAU
Alle Flechten wachsen sehr langsam und sollten deshalb nicht zerstört werden. Sie besiedeln Steine und bringen damit unsere Städte zum Leben.

ZITRONEN-SCHÖNFLECK

Gelbe Krusten auf Steinen und Mauern

Caloplaca citrina | Teleoschistaceae

WESEN AUS ALGE UND PILZ Dies ist eine allgemeine Beschreibung für Flechten. In dieser Symbiose erhalten die Pilze Nahrung von den Algen und schützen diese im Gegenzug vor starker Sonneneinstrahlung. Flechten sind wichtige Schadstoffanzeiger und sehr artenreich. Allein die Gattung *Caloplaca* beinhaltet ca. 500 Arten, die aber nur wenige Fachleute genau bestimmen können. Wenn du gelbe Krusten auf Steinen und Mauern siehst, gehören diese mit hoher Wahrscheinlichkeit zum Zitronen-Schönfleck.

TYPISCH: Gelbe Krusten auf Pflastersteinen und Mauern, eher auf Kalk und nährstoffreichen Steinen | **WUCHSFORM:** unregelmäßig, isolierte Kruste | **HÖHE:** 0,1 cm | **FRUCHT:** Sporen

#KRAUTSCHAU
Die Flechte profitiert von Versiegelung und Überdüngung. Sie ist trockenresistent und wird sich in Zukunft weiter in den Städte verbreiten. Sie wird beim Biomonitoring von Luftverunreinigungen eingesetzt.

GEWÖHNLICHE MAUERFLECHTE

Flechte oder Kaugummi?

Lecanora muralis | Lecanoraceae

AUF STEINEN bildet diese Flechte grünlich graue, rosettenförmige Kruste, die am Rand fein und hell gelappt ist. So verziert diese widerstandsfähige Flechte die Mauerkronen in Dörfern und Städten. Die Mauerflechte schmiegt sich eng an die Steine. In der Mitte der Kruste befinden sich dicht gedrängt die scheibenförmigen Fruchtkörper der Flechten (Apothecien). Manche Flechtenkundige nennen sie auch Kaugummiflechte, weil die Rosetten auf dem Asphalt wie ein altes, platt getretenes Kaugummi wirken.

TYPISCH: Grünlich graue Krusten auf Pflastersteinen und Mauern | **WUCHSFORM:** unregelmäßig, isolierte Kruste | **DURCHMESSER:** 10 cm | **FRUCHT:** Sporen

BESTIMMEN MIT „WAS BLÜHT DENN DA?“

DER KLASSIKER Für unser Buch haben wir die Arten ausgesucht, die uns bei vielen #Krautschau-Exkursionen am häufigsten begegnet sind. Aber das sind natürlich lange nicht alle Arten, denen du in der Stadt begegnen kannst. Wenn du also einmal mit diesem Buch nicht weiterkommst, dann empfehlen wir dir den Klassiker „Was blüht denn da?“. In ihm findest du über 870 Pflanzenarten – wie in unserem Buch nach Blütenfarbe und Anzahl der Blütenblätter sortiert. Über 2.000 naturgetreue Farbzeichnungen zeigen alle wichtigen Merkmale und machen es ganz einfach, eine Art richtig zu bestimmen.

... UND MIT DER APP FLORA INCOGNITA

MOBIL UNTERWEGS Du hast nicht immer ein Bestimmungsbuch in der Tasche, willst aber trotzdem wissen, was da so alles in deiner Stadt wächst? Dann hast du mit der App Flora Incognita die Möglichkeit, alle Inhalte von „Was blüht denn da?“ auch mobil mit dabei zu haben. Sie funktioniert ganz einfach: Pflanze abfotografieren und die App bestimmt die Art. Und so einfach geht es, auch die Buchinhalte in der App angezeigt zu bekommen:

1. Gehe auf **www.kosmos.de/flora-incognita**. Dort findest du Informationen, wie du an den benötigten Code für die Freischaltung der „Was blüht denn da?"-Inhalte gelangst und wie dieser Code in die App eingegeben werden muss.
2. Bitte hinterlege auf der Webseite deine E-Mail-Adresse. Danach wird dir der Code angezeigt.
3. Lade dir die App Flora Incognita herunter und gib diesen Code wie auf der Webseite beschrieben in der App ein. Die Links zum kostenlosen Download der App auf GooglePlay bzw. im AppStore findest du ebenfalls auf www.kosmos.de/flora-incognita.
4. Nun werden dir zu allen Arten, die in „Was blüht denn da?" enthalten sind, die Texte und Abbildungen in der App angezeigt.

Das mobile Angebot wird durch die Kooperation des KOSMOS-Verlags mit der Technischen Universität Ilmenau und dem Max-Planck-Institut für Biogeochemie Jena ermöglicht, die die Flora-Incognita-Apps entwickeln. Die Entwicklung wurde gefördert durch das Bundesministerium für Bildung und Forschung, das Bundesamt für Naturschutz mit Mitteln des Bundesministeriums für Umwelt, Naturschutz und nukleare Sicherheit sowie durch das Thüringer Ministerium für Umwelt, Energie und Naturschutz und die Stiftung Naturschutz Thüringen.

REGISTER

A_*Acer pseudoplatanus* 116
Achillea millefolium 41
Aegopodium podagraria 33
Ailanthus altissima 114
Ajuga reptans 96
Alliaria petiolata 22
Ambrosia artemisiifolia 111
Ambrosie, Beifuß- 111
Arabidopsis thaliana 24
Arenaria serpyllifolia 29
Artemisia vulgaris 80
Asplenium ruta-muraria 129
Asplenium trichomanes 128

B_Beifuß, Gewöhnlicher 80
Bellis perennis 44
Bergahorn 116
Berteroa incana 25
Berufkraut, Feinstrahl- 43
Berufkraut, Kanadisches 42
Bingelkraut, Einjähriges 107
Binse, Zarte 125
Borstenhirse, Grüne 120
Braunelle, Kleine 97
Breitwegerich 104
Brennnessel, Große 101
Bruchkraut, Kahles 110
Bryum argenteum 126

C_*Caloplaca citrina* 130
Calystegia sepium 40
Campanula portenschlagiana 93
Capsella bursa-pastoris 26
Cardamine hirsuta 27
Chelidonium majus 51
Chenopodium album 108
Cichorium intybus 94
Cirsium arvense 90
Crepis capillaris 68
Cymbalaria muralis 100

D_*Daucus carota* 34
Digitaria sanguinalis 119
Diplotaxis tenuifolia 50
Draba verna 28
Duftveilchen 99

E_*Echium vulgare* 98
Efeu, Gewöhnlicher 112
Ehrenpreis, Persischer 92
Eisenkraut, Echtes 95
Epilobium parviflorum 85
Eragrostis minor 121
Erigeron (Conyza) canadensis 42
Erigeron annuus 43
Erodium cicutarium 88
Euphorbia peplus 106

F_Fetthenne, Weiße 32
Fingerhirse, Blutrote 119
Fingerkraut, Kriechendes 57
Fingerkraut, Scheinerdbeer- 56

G_*Galinsoga parviflora* 46
Gänseblümchen, Ausdauerndes 44
Gänsedistel, Kohl- 76
Gänsefuß, Weißer 108
Geranium robertianum 89
Geum urbanum 58
Giersch 33
Glockenblume, Dalmatiner 93
Goldrute, Kanadische 72

Götterbaum 114
Graukresse, Gewöhnliche 25
Greiskraut, Gewöhnliches 71
Greiskraut, Jakobs- 69
Greiskraut, Schmalblättriges 70
Grimmia pulvinata 127
Günsel, Kriechender 96

H_Hahnenfuß, Kriechender 62
Hedera helix 112
Herniaria glabra 110
Hirtentäschel, Gewöhnliches 26
Hopfenklee 81
Hordeum murinum 122
Huflattich 78
Hungerblümchen, Frühlings- 28
Hypericum perforatum 54

J_*Jacobaea vulgaris* 69
Johanniskraut, Echtes 54
Juncus tenuis 125
Jungfernrebe, Dreispitzige 118
Junglans regia 117

K_Kamille, Echte 47
Kamille, Strahlenlose 74
Kissenmoos, Polster- 127
Klatschmohn 84
Knoblauchsrauke 22
Knopfkraut, Kleinblütiges 46
Knöterich, Vogel- 36
Kratzdistel, Acker- 90

L_*Lactuca serriola* 66
Lamium purpureum 91
Lattich, Kompass- 66
Lecanora muralis 131
Leinkraut, Echtes 83
Lepidium ruderale 102
Liebesgras, Kleines 121
Linaria vulgaris 83
Lolium perenne 123
Löwenzahn, Wiesen-65

M_*Malva neglecta* 86
Malve, Weg- 86
Mastkraut, Niederliegendes 30
Matricaria chamomilla 47
Matricaria discoidea 74
Mauerflechte, Gewöhnliche 131
Mauerlattich 75
Mauerpfeffer, Scharfer 53
Mauerraute 129
Mäusegerste 122
Medicago lupulina 81
Mercurialis annua 107
Möhre, Wilde 34
Mycelis muralis 75

N_Nachtkerze, Gewöhnliche 52
Nachtschatten, Schwarzer 38
Natternkopf, Gewöhnlicher 98
Nelkenwurz, Gewöhnliche 58

O_*Oenothera biennis* 52
Oxalis corniculata 63

P_*Papaver rhoeas* 84
Parthenocissus tricuspidata 118
Pippau, Kleinblütiger 68
Plantago lanceolata 103
Plantago major 104
Poa annua 124
Polygonum aviculare agg. 36
Portulaca oleracea 60
Portulak, Europäischer 60

Potentilla indica 56
Potentilla reptans 57
Prunella vulgaris 97
Prunus avium 115

R_*Ranunculus repens* 62
Rauke, Weg- 49
Rauke, Wilde 50
Reiherschnabel, Gewöhnlicher 88
Rispengras, Einjähriges 124

S_*Sagina procumbens* 30
Sandkraut, Quendel- 29
Sauerklee, Horn- 63
Schafgarbe, Gemeine 41
Schaumkraut, Behaartes 27
Schmalwand, Acker- 24
Schöllkraut 51
Schönfleck, Zitronen- 130
Schuppenmiere, Rote 87
Schutt-Kresse 102
Sedum acre 53
Sedum album 32
Senecio inaequidens 70
Senecio vulgaris 71
Setaria viridis 120
Silbermoos 126
Sisymbrium officinale 49
Solanum lycopersicum 64
Solanum nigrum 38
Solidago canadensis 72
Sonchus oleraceus 76
Spergularia rubra 87
Spitzwegerich 103
Stellaria media 39
Stiefmütterchen, Wildes 82
Storchschnabel, Stinkender 89
Streifenfarn, Braunstieliger 128

T_*Taraxacum officinale* 65
Taubnessel, Purpurrote 91
Tomate 64
Trifolium repens 48
Tussilago farfara 78

U_*Urtica dioica* 101

V_Veilchen, Acker- 82
Verbena officinalis 95
Veronica persica 92
Viola odorata 99
Viola tricolor 82
Vogelkirsche 115
Vogelmiere, Gewöhnliche 39

W_Walnuss 117
Wegwarte, Gewöhnliche 94
Weidelgras, Deutsches 123
Weidenröschen, Kleinblütiges 85
Weißklee 48
Wolfsmilch, Garten- 106

Z_Zaunwinde, Echte 40
Zimbelkraut, Mauer- 100

* Quelle: Media Control MC Metis, Deutschland, FY 2021, WG 420 – Natur und WG 422 – Naturführer, Umsatz

IMPRESSUM

So sieht es aus, wenn unser Fotograf Frank Hecker auf #Krautschau geht

Mit 133 Fotos von **Alpsdake** (1): S. 56; **Heiko Bellmann/ Frank Hecker** (2): S. 57, 92, 121; **Silke Frank** (2): S. 10, 19; **Felix Fornoff** (1): S. 13o; **Alexandra-Maria Klein** (3): S. 64, 113u, Autorinnenfoto; **Julia Krohmer** (22): S. 9, 14, 15, 16u, 18, 20/21, 30, 34, 36, 41, 43, 60, 61, 93, 103, 105, 110, 133o, 114, 120, 122, Autorinnenfoto; **Claudia Salata** (1): S. 4; **Shutterstock** (2): S. 7 (**PhotoKatja**), 12 (**ON Photography**). Alle weiteren Fotos wurden von **Frank Hecker** eigens für dieses Buch aufgenommen.

Mit 81 Illustrationen von **Sigrid Haag** (8): S. 47, 65, 74, 78, 80, 94, 100, 111; **Reinhild Hofmann** (7): S. 63, 119, 120, 121, 122, 123, 124; Gerhard Kohnle (2) S. 87, 102. Alle weiteren von **Marianne Golte-Bechte**.

Alle grafischen Darstellungen der botanischen Fachbegriffe auf der hinteren Klappe innen von **Anna Fuchs**. Symbole zu den Blütenformen von **Marianne Golte-Bechtle** (4, 5 und mehr als 5 Blütenblätter), **Freepik** auf www.flaticon.com (Gras und Gehölz), **Muhammad Usman** auf www.flaticon.com (zweiseitig symmetrisch), **Voysla** auf www.flaticon.com (Farn), **Shuttesrstock** (oixxo: Moos / Uladzimir zgurski: Flechte)

Umschlag und Klappengestaltung von DIE BASIS, Wiesbaden, unter Verwendung eines Fotos von Max Manin / Shutterstock.com und einer Illustration von Marianne Golte-Bechtle

Der Inhalt dieses Buches ist sorgfältig recherchiert und erarbeitet worden. Dennoch können weder die Autorinnen noch Verlag für alle Angaben im Buch eine Haftung übernehmen.

Unser gesamtes Programm finden Sie unter **kosmos.de**. Über Neuigkeiten informieren Sie regelmäßig unsere Newsletter, einfach anmelden unter **kosmos.de/newsletter.**

Gedruckt auf chlorfrei gebleichtem Papier

ISBN: 978-3-440-17671-9
Redaktion: Claudia Salata
Produktion: Markus Schärtlein
Gestaltungskonzept: Sigrid Walter, Würzburg
Satz: DIE BASIS, Wiesbaden
Druck und Bindung: Longo AG, Bozen
Printed in Italy / Imprimé en Italie

FSC www.fsc.org MIX Papier | Fördert gute Waldnutzung FSC® C023164

Glossar

Wir haben in unserem Text versucht, möglichst wenig Fachbegriffe zu verwenden, aber manchmal geht es nicht anders. Fall du auf Wörter stößt, die unverständlich sind, schlage hier noch, wir erklären sie dir.

Einhäusig: Pflanzen mit männlichen und weiblichen Blüten am gleichen Individuum

Haftscheibe: Befestigungsstrukturen an den Ranken mancher Kletterpflanzen

Haftwurzel: Sprossartige Wurzeln an kletternden Pflanzen

Horst: Pflanzenwuchsform, bei der viele Triebe einer Pflanze eng aneinander stehen (z. B. Gräser)

Kapsel: Sporenbehälter (Sporangium) der Moose

Karyopse: einsamige Schließfrüchte der Gräser (Korn)

Klausenfrucht: Spezielle Form der Zerfallfrucht, eine Bruchfrucht, die vor allem bei den Lippenblüten- und Raublattgewächsen vorkommt

Maske: Blütenform, bei der die Unterlippe der Blüte über die Oberlippe gestülpt und die Blüte dadurch mechanisch verschlossen ist

Mykorrhiza: Gemeinschaft zwischen einer Pflanze und einem Pilz an oder in den wurzeln. Der Pilz bekommt von der Pflanze Zucker, die Pflanze vom Pilz Nährstoffe

Neophyt: Pflanzen, die sich in Gebieten ansiedeln, in denen sie zuvor nicht heimisch waren

Polster: Kompakte Wuchsform von Stauden, typisch für Wüsten-, Felsen- und Hochgebirgspflanzen

Rhizom: Meist unterirdisch oder dicht über dem Boden wachsendes Sprossachsensystem (Wurzelstock)

Schote, Schötchen: Längliche Kapselfrucht aus zwei miteinander verwachsenen Fruchtblättern und mehreren Samen an einer Mittelwand

Sori (Einzahl Sorus): An der Unterseite der Blätter von Farnen hängende Gruppen von Sporenbehältern (Sporangien), die Sporen enthalten

Spaltfrucht: Unterform der Zerfallfrucht, die zur Reife durch Spaltung der Scheidewände in zwei oder mehrere Teilfrüchte zerfällt

Spelze: Trockenhäutiges Hochblatt im Ährchen, das die Blüten von Gräsern umgibt

Spirre: Aus Einzelblüten, Köpfchen oder Ährchen zusammengesetzter rispiger Blütenstand, bei dem die älteren Abschnitte von den jüngeren übergipfelt werden

Sporen: Einzellige Fortpflanzungs- und Ausbreitungseinheiten bei den Pflanzen (Farnen)

Sporn: Teil der Blüte, hohle Aussackung, die sich vom Inneren der Blüte weg erstreckt

Staude: Mehrjährige Pflanze

Vegetative Vermehrung: Ungeschlechtlichen Vermehrung von Pflanzen, bei der aus einzelnen Pflanzenteilen eine neue eigenständige Pflanze wächst

Zweihäusig: Eingeschlechtliche Pflanzen, die entweder nur männliche oder nur weibliche Blüten an einem Individuum tragen